U0326161

美国·亚太地区国家海洋战略研究丛书

越南海洋战略研究

MARITIME STRATEGY OF VIETNAM

上海市美国问题研究所·主编
成汉平·著

时事出版社

出版说明

党的十八大报告提出了建设海洋强国的战略目标。而为了达到这一目标，则必须依靠综合国力，建立一整套完整的海洋战略。自从海洋向人类展示其作为海上通道的魅力之时，海洋也自然成为连接国与国之间的一个重要桥梁，也成为了外交的重要舞台，海上纷争的战场。因此，在建立海洋战略的同时，对于周边地区各国的海洋战略，我们也必须加以明察。只有这样，才能够从容应对，才能建立我们自己更为完整的海洋战略体系。出于这样的目的，上海市美国问题研究所策划了一套《美国·亚太地区国家海洋战略丛书》，通过汇集多方之力，力求完成这一目标。

我所策划的这套丛书共计八本，全面展示了美国、俄罗斯、日本、韩国、越南、菲律宾、印度以及澳大利亚这八个国家的海洋安全战略、海洋管理战略、海洋经济战略、海洋环保战略、海洋教科文战略以及海洋国际政治与外交战略等，一方面促进了我们对周边各国具有更全面的认识，另一方面也可以对制定我国的海洋战略起到重要的借鉴作用。

该丛书自策划之始，便抱着严谨的学术态度，汇集各个专家多次召开学术会议，从撰写提纲到充实内容，都数易其稿。随着时间的推移，根据新问题、新情况的出现，不断追踪充实，力求与时俱进。对此，我所还遍访相关专家，力求寻找参加编撰的最佳人选，聘请了上海社会科学院金永明研究员、国家海洋局于保华与李双建研究员、解放军国际关系学院成汉平教授与宋德星教授、华东师范大学国际关系与地区发展研究院肖辉忠副研究员和韩冬涛博士、上海交通大学薛桂芳教授、上海外国语大学廉德瑰教授、上海政法学院朱新山教授、吉林大学李雪威教授等高校和科研机构的专家分别撰稿。历时两年多时间终于得以全部完成。书稿完成之后，我所还聘请了冯绍雷、于向东、张家栋等著名专家进行严格评审，力求做到尽善尽美。

自从本丛书策划和编撰开始之时，便受到了来自各界的支持和帮助，上海市社会科学界联合会、上海社会科学院出版社等单位对本丛书给予了巨大的帮助，国防大学战略研究所前所长杨毅海军少将为本丛书撰写了总序，对此我们表示由衷的感谢。

对于本丛书的编撰，我所常务所长胡华统筹策划、亲力亲为；朱慧、叶君、龙菲组织协调，落实安排；汪遒、李奕昕和章骞先后承担联络工作，确保该丛书出版的顺利进行。虽然在出版过程中遇到了很多未曾预料的问题，但经过不懈的努力，将这套丛书展示在了读者的面前。当然，由于本丛书难免还存在各种不足之处，我们真诚地希望各位读者和专家给予指正，提出宝贵的意见。

最后，我们要特别感谢时事出版社苏绣芳副社长以及各位编辑，正是他们的悉心努力，这套丛书才能够得以顺利出版。

上海市美国问题研究所

2016年8月26日

总　　序

杨毅

中国正处在发展的历史新起点，正在进入由大向强发展的关键阶段。我国发展仍然处于可以大有作为的重要战略机遇期，但战略机遇期内涵发生深刻变化，我国发展既面临许多有利条件，也面临不少风险挑战。

随着综合国力的增强和国际影响力的上升，我国的战略回旋空间和面临的压力同步上升。各种安全挑战中的“内忧外患联动效应”突出，我们维护国家安全利益与发展利益的“两难选择”特征增加了我们运筹国家安全的难度。在实现社会主义小康社会的冲刺阶段，避免跌入“中等收入陷阱”和“修昔底德陷阱”，是我们内政与外交的两个重大课题。

对内，统筹好经济“调结构、稳增长与防风险”三者之间的关系，确保我国经济持久、健康发展是一项重要而艰巨的工作。在新常态下，我国经济发展表现出速度变化、结构优化、动力转化三大特点，增长速度从高速转向中高速，发展方式从规模速度型转向质量效率型，经济结构调整要从增量扩能为主转向调整存量、做优增量并举，发展动力要从主要依靠资源和低成本劳动力等要素投入转向创新驱动。当前，我国经济社会发生深刻变化，改革进入攻坚期和深水区，社会矛盾多发叠加，面临各种可以预见和难以预见的安全风险挑战。

对外，我国和平发展与民族复兴给外部世界特别是给美国等西方国家带来的冲击处于一个激烈的相互磨合和相互适应阶段，各国对华政策也处在一个变化路口，并且可塑性比较强的阶段。中国的外部安全环境继续呈现双重压力状态，即：美国对我国的战略防范和周边部分国家对我国的恐惧与担忧。这双重压力“相互借重，复合交汇”，在涉及与我国利益冲突问题上一拍即合，对我们形成“同步压力”。

我们运筹国家安全正面临着两大矛盾：第一，我们国家迅速扩展的安全和发展利益和有限的保卫手段之间的矛盾；第二，增强保护国家利益手段的迫切性与日益增长的外部制约因素之间的矛盾。

我国经济发展，对外贸易额的增长以及能源供应都对海上运输产生了越来越大的依赖，海上航道的安全已经成为国家安全的重要环节，它不但涉及经济安全，也是国家整体安全的重要组成部分。然而，我国对海上航道的需求的不断上升，与我国海上防卫力量的不足形成了鲜明的反差。

我国外部安全环境，来自陆地方向的大规模军事入侵基本上可以排除，但是来自海洋方向的安全挑战日益增多。美国推进亚太战略“再平衡”，强化在我国周边地区，特别是海洋方向的军事力量部署和活动强度，对我国的周边安全环境形成了巨大压力。

无论是维护国家安全，还是发展经济，经略海洋都已经在战略上形成了刚性需求。党的十八大提出了“建设海洋强国”的战略目标，把经略海洋作为推进中华民族伟大复兴事业的重要组成部分与途径之一。建设海洋强国的内涵丰富，包括提高海洋资源开发能力、海洋运输能力、海洋执法能力、海洋防卫能力，发展海洋经济，保护海洋生态环境，坚决维护国家海洋权益，把我们国家建设成一个世界性的海洋强国。

中国地缘上是一个陆海复合型的国家，虽然在古代曾经有过丰富多彩的海上实践，早在西方的“大航海时代”开始以前，郑和就率领过举世无双的庞大船队远航到了非洲，古代的海上丝绸之路也曾经连接到了欧洲。但是，进入近现代以后，由于传统的观念落后和其他综合因素，中国却不幸地沦落为一个海洋弱国，饱受西方列强的欺凌。在我国从来没有像现在如此接近民族复兴梦想的今天，作为一个世界国家整体面向海洋，这在中华民族的历史上还是第一次，它对世界的冲击是可想而知的。

古希腊著名历史学家修昔底德认为，当一个崛起的大国与既有的统治霸主竞争时，双方面临的危险多数以战争而告终。对于大海，中国还是一个后发的国家，然而，中国建设海洋强国的步伐速度之飞快、规模之宏大，免不了引起一些国家心理上的危机感，他们既无法阻止，又不可抗拒，更难以适应。

19 世纪末、20 世纪初著名的地缘政治学家，美国海军军官、历史学家，《海权论》的作者阿尔弗雷德·塞耶·马汉（Alfred Thayer Mahan）通过对十七八世纪重商主义和帝国主义时期的海上强国英国历史的大量研究，提出了关于美国海军政策、海军战略、海军战术的一系列基本原则。马汉《海权论》的核心观点是，海洋是世界的中心；谁控制了世界核心的咽喉航道、运河和航线；谁就掌握了世界经济和能源运输之门；谁掌握了世界经济和能源之门，谁就掌握了世界各国的经济和安全命脉；谁掌握了世界各国的经济和安全命脉，谁就（变相）控制了全世界。马汉学说在美国被捧为金科玉律，尤其在两次世界大战之间的 20 多年中已经构成了美国军事战略的灵魂。马汉的海权论在西方，乃至世界的影响依然巨大。

马汉通过对17世纪和18世纪的英国历史进行推导，设定了六项他表示普遍适用、永恒不变的“影响海权的一般条件”：(1)地理位置；(2)自然构造；(3)领土范围；(4)人口数量；(5)民族性格；(6)政府的特征和政策。

现代海权更是一个复杂的体系，虽然马汉的六大要素依然发挥着作用，但是对这其中第六个要素，也就是政府的特征和政策则更有进一步拓展的必要。我们不妨根据其功能将其分为“硬件”和“软件”两大部分。其中“硬件”包含海军、海洋管理体制和机构、海洋产业和海洋科技实力等构成海权的客观物质要素；而“软件”则包括海洋管理法律制度、海洋价值观和海洋意识，这些非物质因素在海权的发展和维系方面则具有不可替代的独特作用。

各国的海洋战略也正是通过这几大要素辐射而出的，而且随着进入了21世纪，在这国际政治多极化、经济全球化、军事信息化的时代，海洋战略更是具有崭新的色彩。

以往排他性海上霸权逐渐让位于功能更复杂和更国际化的当代海权观念。这一当代海权观念新颖和核心的特点是，海上力量已无力追求单极的全球霸权与秩序，相对于日益崛起的太空和空天复合力量，海权的黄金时代已经成为历史。即使对于拥有绝对海军优势的国家，在国际政策中，单纯利用海权优势也不可能实现自身的利益。这些国家即使有能力轻易获得海上战争的胜利，其外交、经济和其他代价，也是其决定行动时不得不再三综合考虑的因素。这也与当代全球经济和政治的急遽整合趋势是一致的。

在这一背景下，在这个意义下，全球化时代的海洋战略，还加入了维护海上安全、保护海洋环境等内容，其根本目的就是保护现有经济格局的安全，维护现今给大多数国家带来利益的全球秩序的稳定。海洋战略是一个综合海洋经济、海洋政治、海洋军事、海洋法制、海洋环境等一系列因素的复杂问题。

中国奉行的是和平发展道路，而不是走历史上传统大国崛起靠军事扩张，甚至通过发动战争来实现自己战略目标的旧路。正如国家主席习近平所强调的，中国愿同各国一道，构建以合作共赢为核心的新型国际关系，以合作取代对抗，以共赢取代独占，树立建设伙伴关系新思路，开创共同发展新前景，营造共享安全新局面。

面对当今世界复杂的海上局势，中国如何更好地走向海洋、经略海洋，需要我们在战略上很好地把握，搞好战略规划与运筹。对此，我们不仅仅只是开拓出一条具有中国特色的和平发展的海上战略，同样重要的，还应当对世界各国，尤其是中国周边海上国家的海洋战略加以清晰地了解，明确地掌握。

上海市美国问题研究所将美国、日本、韩国、越南、菲律宾、澳大利亚、印度以及俄罗斯这八个国家的海上战略进行了系统的梳理。据我浅薄所知，国内至今还没有见过这样一套系列丛书。这样一套系列丛书的面世，对于今后中国如何面向大海，如何制定相应的海上战略而言，具有非常宝贵的参考价值。这样一套系列丛书的顺利出版，对于服务于建设海洋强国，对于推进中华民族伟大复兴事业都是一件值得庆贺的好事。

对于海洋战略这样复杂的问题，分国家加以考察更要花费巨大的辛劳和探索。对此，上海市美国问题研究所动员了全国的相关专家，历经多年的努力，集中全力对这套丛书进行了编撰，取得了丰硕的学术成就。

为了适应世界多极化、经济全球化、合作与竞争并存的新形势，扩大与沿线国家的利益汇合点，与相关国家共同打造政治互信、经济融合、文化包容、互联互通的利益共同体和命运共同体，实现地区各国的共同发展、共同繁荣，中国政府提出了建设“一带一路”倡议。其中，“二十一世纪海上丝绸之路”的战略规划将促进构建海上互联互通、加强海洋经济和产业合作、推进海洋非传统安全领域的全面合作，也将拓展海洋人文领域的合作。在建设“二十一世纪海上丝绸之路”的大业中，了解各国的海洋战略，更是必不可少。我相信，这套系列丛书会为照亮“二十一世纪海上丝绸之路”的拓展前程做出特殊的贡献。

《美国·亚太地区国家海洋战略研究丛书》浸透了所有参与者的辛勤劳动与心血，当广大的读者从中受益的时候，也是对为这套丛书顺利撰写、编辑、出版和发行而做出各自贡献的人们表示感谢的最好方式。

2016年仲夏，于北京

目　录

导　言

2014 年 5 月初，中国海洋石油总公司“981”石油钻井平台在我西沙海域中建岛以南 16 海里处正常作业，但却很快引发了越南的胡搅蛮缠，并爆发了中越海上长时间的对峙，规模之大、持续时间之长乃历史罕见。越南甚至动用了一切非正常手段，包括布渔网、水下蛙人偷袭以及渔船冲撞等，企图迫使我撤离石油平台，放弃正常作业。双方海警、渔政执法船只剑拔弩张，一时间，海上冲突几乎一触即发。

这是越南方面首次针对我国在西沙海域我专属经济区——这一毫无争议的海域内的正常海上作业作出如此激烈的反应。与此同时，越南国内极端民族主义分子在外界的煽动下连续冲击我中资企业，焚烧工厂，打死打伤我员工，导致中方员工 4 人死亡，300 多人受伤，产生了极为恶劣的影响，迫使我外交部门不得不组织大规模的撤侨行动。事件震惊了整个世界，这是自 20 世纪 70 年代末越南国内所发生的排外事件之后最严重的反华事件。

如今，虽然“981”石油钻井平台事件早已经平息，中越关系也已经逐步恢复正常，但痛定思痛之余，我们该反思的是：到底是什么让越南政府和民众在涉海问题上如此猖狂？今后还会如此不择手段地挑战我们的底线吗？而面对越南在海上不断升级的挑衅，我们又该如何有效应对呢？又该如何睿智地处理好与这个近邻乃至与整个东盟的关系？

这正是本书需要回答的问题，也是撰写本书的目的所在！因为通过一一剖析越南从古至今（从独立到现在）所推行、实施的海洋政策，我们希望能够从中一点点找出答案，以回答我们心中的这些疑问，从而为制订相关对策提供依据。

中国共产党十八大报告明确提出，提高海洋资源开发能力，发展海洋经济，保护海洋生态环境，坚决维护国家海洋权益，建设海洋强国。这是首次将“建设海洋强国”的概念写入党代会的报告之中，在国内外形势复杂的当前具有重要的现实意义、战略意义，是中华民族永续发展、走向世界强国的必由之路。

知己知彼，方能百战不殆。在这样的背景下，对包括越南在内的周边国家的海洋战略的全面研究，是维护中国的领土和主权完整，维护中国海洋权益及海上通道安全的迫切需要，具有重要的现实意义。可以说，这是本书的现实价值之所在。

在与中国存在海上领土争端及海洋划界争端的各周边邻国中，越南是最突出的一个国家，因为它是迄今为止唯一提出南海全部主权要求及南海归属所谓历史与法理依据的国家。[①] 越南不仅强占我国的岛屿、岛礁最多，攫取的海上资源最多，而且还于2007年在越南共产党全国代表大会上通过了《至2020年（越南）海洋战略》的决议，将海洋发展与海上安全提升至国家战略的层次；随后又变本加厉地于2012年6月颁布了《越南海洋法》，以立法的形式将南沙、西沙的大部分海域划归其所有。在这些战略指导下，越南置《南海各方行为宣言》于不顾，在大肆攫取海上经济利益的同时，不断打造海上“软实力”，持续制造海上紧张局势；同时营造所谓海上防线，列装包括俄制新型“基洛”级潜艇在内的一系列先进武器，以针锋相对地谋求对我国海军的某种局部优势。

① 吴士存：《南海的争端与起源》，中国经济出版社，2009年版，第44页。

2009 年，我参加了由海军指挥学院博士生导师冯梁教授总负责的国家海洋局的立项科研课题——《世界海洋形势研究》之子课题《世界主要国家海洋安全战略研究》,[①] 我本人负责“越南海洋安全战略”部分。此后，又在他的带领之下完成了 2011 年国家社科基金《新世纪以来周边国家经略海洋的重大战略举措及我应对之策研究》(课题编号为：11BGJ007)，我依旧负责越南部分，并又于2014 年作了重要补充和完善。在这几年的时间里，利用通晓越南语的便利，我对越南的主要海洋政策、海上安全方针以及涉海行动等进行了一次全面的梳理，先后到过北京、广州、南宁、昆明等地，请教了本领域的专家，查阅了大量的越南语原文资料，使我对越南从过去到现在的海洋政策有了一个全盘的认识和了解。加之，我的手头拥有能够体现、诠释越南海洋发展与安全战略思想的一系列期刊杂志，并做到了跟踪阅读，如《共产主义杂志》《全民国防杂志》《海洋杂志》《人民海军杂志》以及《人民军队报》《国防报》《海军报》等，终于形成了本著作，力争能够全面而系统地体现出越南的海洋战略的主脉络。

因时间仓促，本书一定会存在不少的疏漏之处。在此恳请各位专家与读者在阅读之后不吝指教，提出修正意见，以便修改之后再版发行。

成汉平

(中国南海研究协同创新中心周边国家平台研究员、江苏高校国际问题研究基地苏州大学老挝—大湄公河次区域国家研究中心研究员、广西大学中国—东盟研究院研究员)

2016 年初春于古城金陵

---

① 该课题的阶段性成果已于2011 年第 1 期开始陆续在《世界经济与政治论坛》上发表。

第一章　越南“海洋战略”的历史演变

在今天一步步形成、发展并日益完善的越南海洋战略并非在一朝一夕之间一蹴而就的，它经历了特定的历史发展阶段，而历史发展过程又对其影响根深蒂固。由于越南遭受过长期的殖民统治，后又经历过抗法战争和抗美救国战争，这一历史过程注定了其国家海洋意识与思想的形成过程以及海洋实践不同于其他任何一个国家。本章将以历史史实为依据，以历史唯物主义的立场客观地一一回顾、梳理出越南海洋思想的历史发展演变阶段与过程，从中管窥出如今越南政府所大力推行的海洋战略所具备的共性与特性。

第一节　越南早期的海洋政策及海上实践(殖民时代—1975年)

越南早期的海洋实践要追溯到19世纪后期的殖民时期。西方殖民主义者对越南海洋的开发、利用以及对海权、海上地缘战略通道的重视，不仅对越南政府此后重视海洋、发展海洋经济、打造海上安全防御体系起到了极大的借鉴作用，而且还遗留下中越等国围绕南海权益不断产生纷争的历史后遗症。

一、殖民时期的主要海洋政策

（一）法国殖民时期

在19世纪，世界主要海上帝国主义国家英国和法国，在国际海洋实践方面大力推行“海洋自由”的原则，压缩各国管辖的海域，以使他们这些海上强国可以在其他国家的领海范围内像“公海”一样自由航行。自从1884年6月法国迫使越南傀儡王朝第二次签订了《顺化条约》全面控制越南之后，法国殖民统治者便开始在越南沿海修造港口、码头，运送军事物资及贸易货物，探寻海底矿产，同时派出军舰在近海游弋，控制海上防线，北方的海防港以及南方的西贡港等重要港口都是在这一期间开始修建或完善的。在殖民统治越南之初，法国殖民主义者便已经认识到海洋对越南的重要性。越南是一个沿海国家，在3927公里长的陆地边界中，海岸线便长达3260多公里。由于越南历史上多次出现的国土变迁和长期遭殖民统治以及重农传统等多种原因，越南在远古历史上对海洋并无太多的认识。在欧洲人看来，包括越南在内的东南亚人民不谙航运贸易。他们认为：安南人的对外贸易，全由中国人完成，其中包括商人、水手和航海家，而安南本地人则很少冒险出海。[①] 从19世纪入侵并统治越南之后，由于呈现“S”形的越南国土南北狭长，海岸线长，这一极为特殊而重要的特点引起了法国殖民者对越南海洋及海岸的浓厚兴趣和高度的重视。

1887年，法国与清政府经过谈判，签订了《续议界务专条》，条约首次涉及了中国与其殖民地越南之间的海上边界。条约称“至于海中各岛，照两国勘界大臣所划红线，向南接画，此线正过茶古

① ［英］D. G. E. 霍尔：《东南亚史》上册，中山大学译，商务印书馆，1982年版，第14页。

社东边山头，即以该线为海上之国界（“茶古社”中译名为“万注”，位于越南北部的芒街以南，竹山岛西南），该线以东，海中各岛归中方；该线以西，海中九头山（越南语名为“格多”）及各小岛归越南。[①] 这是中越两国之间首次涉及海上的分界。当然，囿于当时的历史条件，这也只是一种大概的粗略划分，并非完整的确定，更不是针对北部湾的划界，然而正是这一条约被后来越南政府断章取义地辩称中越之间已经划定了北部湾海域。

20 世纪初，随着航海技术的发展和科技的进步，法国殖民者开始了其在南海的一系列“探宝”活动。1925 年，法国船只“德拉内桑号”为了在南沙群岛上寻找储量丰富的磷矿床对这一地区进行了科学勘探，顿时引发其它殖民主义国家的关注。1932 年 6 月 15 日，驻越南的法国总督通过“第 156/SC 号法令”把“帕拉塞尔群岛”（即西沙群岛）变成了越南承天省的一个行政单位。[②]

1933 年 4 月，法国抢先占领了位于越南与菲律宾之间包括太平岛等在内的 9 个南沙群岛，并于 7 月 25 日发布占领通告，同时插上了法国的国旗，宣称为法国领土。这一举动当即遭到中国当时的国民党政府的强烈抗议，史称“9 小岛事件”。[③] 中华民国外交部在抗议中要求法方立即撤出强占的 9 个小岛。在侵占行动发生的前后，中华民国外交部还曾两度致函法国外交部，强调中方在南沙所拥有的主权。中华民国驻法国公使馆分别于 1932 年 9 月 27 日和 1934 年 6 月 7 日致函法国外交部，重申中国对此拥有的主权。[④]

回顾这段历史以及后来由此而产生的争议，法国殖民主义者的这一做法与英国殖民主义在中印边界所制造的所谓“麦克马洪线”

---

① 陈本强、张鸿增：“北部湾海域划分问题——从国际法上驳越南方面的谬论”，载《光明日报》1980 年 12 月 2 日第 4 版。

② 朴春浩：“南沙群岛和西沙群岛的法律地位问题”，载《南海问题译文集》，海南出版社，2001 版，第 218 页。

③ 韩振华：《我国南海诸岛史料汇编》，东方出版社，1988 年版，第 42 页。

④ 吴士存：《南海问题文件汇编》，海南出版社，2001 年版，第 25 页。

十分相似，因为他们都将日后无休止的争议留给了当事国的出发点几乎如出一辙。

（二）日本殖民时期

第二次世界大战期间，在全面发动侵华战争的同时，日本入侵越南以及其他东南亚国家，并“接管”了法国人手中的南沙群岛、西沙群岛中的一些岛礁。1939 年 4 月 9 日，日本正式对外宣布占领了南沙群岛，并将其更名为“新南群岛”，划归台湾总督管辖①。1939 年 11 月，日本抵达西沙群岛，树立石碑②。日本人将其改名为“平田群岛”，并在西沙群岛的珊瑚礁上修建五座碉堡，南北各一座、东北角两座、东南角一座③。此后又将太平岛作为其潜艇基地，并修建了其他军事设施和纪念性标志，直至二次世界大战结束时归还给中国军队。

在短暂的统治期间，受法国在南海“寻宝”行动的启发和刺激，日本殖民主义者对南海可能存在的海底矿产和油气资源进行了大范围的摸底和勘探，利用自己的海上先进技术，获得了大量的第一手海上资料。另一方面，则开始了其蓄谋已久的“南进”战略，企图夺取从印度洋到中西太平洋的辽阔地区，构建“大东亚共荣圈”。④日本东南亚史学者霍尔在他的著作中认为，（日本之所以在当时要占领中国的南沙群岛和西沙群岛）是为了克服它苦于没有比“福摩萨”（即我台湾）更靠近新加坡的海军基地这一严重的不利条件。占领海南岛可使它与新加坡的距离缩短到 1300 海里，而占领南沙则可再缩短七百海里⑤。可见，海上地缘战略也是作为岛国的日本当年

---

① 张明亮：《超越航线》，香港社会科学出版社有限公司，2011 年，第 68 页。

② 韩振华主编：《我国南海诸岛史料汇编》，东方出版社，1988 年，第 689 页。

③ ［越］陈世德：“见证人谈黄沙群岛”，《黄沙和长沙特考》，商务印书馆，戴可来译，1978 年，第 190 页。

④ 段廷志、冯梁：“日本海洋安全战略：历史演变与现实影响”，载《世界经济与政治论坛》2011 年第 1 期。

⑤ ［英］D. G. E. 霍尔；《东南亚史》（下册），商务印书馆，1982 年，第 920—921 页。

在推进其“南进”战略中所考量的重要因素。

1945年，日本投降后，中国国民党政府根据《开罗宣言》和《波茨坦公告》的精神，于1946年11月委派高级长官率舰正式接管了西沙和南沙，并在西沙和南沙两个最大的岛屿永兴岛和太平岛重新树立了碑记，派兵驻守。1947年中国国民党政府又重新命名了东沙、西沙、中沙、南沙四个群岛及各岛、礁、沙、滩的名称，并再度划归广东省管辖。当中国派兵收复日本占领的南沙岛屿后，法国人一直没提任何抗议，更没有提及他们的主权要求。

因此，在越南被殖民主义者统治的时代，殖民帝国主义的主要海洋政策及措施就是紧紧围绕寻找海洋资源、控制海上交通要道以及拓展海上战略空间而展开的。这些老牌殖民主义国家利用强大的海上力量和先进的航海技术成果，对世界海上通道实施了有效控制，以达到掠夺他国资源、奴役他国的目的。[①] 这样的做法对此后形成的越南南北割据的两个政府以及越南完成南北统一之后的历届政府都产生了不可小觑的影响和借鉴作用。

二、 南越政权时期（1955—1975年）

在20世纪40年代中后期，越南形成了南北两个政权，即越南共产党人胡志明领导的越南民主共和国（成立于1945年9月2日，简称“北越”）和1955年由美国扶植的越南共和国（即南越政权，简称“南越”）。在越南近现代历史上，越南本国（非殖民统治者）在海洋实践过程中，其海洋思想与海上战略行为最早则可追溯到越南北南两个政权对立存在的时期，当时南越当局率先提出了大陆架的诉求，并开始侵占我西沙群岛。

① 冯梁：“亚太海上通道安全：现状、挑战及其对策”，载《国际安全与和谐世界》，军事科学出版社，2010年版，第294页。

（一）第一部《石油法》与大陆架要求

1970年1月21日，越南南方的西贡政权，即越南共和国颁布了第一部以勘探、开采海上石油为主的《石油法》（越南陆地并无石油蕴藏），并在其中提出了自己的大陆架要求。

当时它在该石油法案中提出大陆架要求的依据是200米水深与“可开发性”两个标准。到1971年6月9日，南越当局又发布了一个补充法令，宣布了一些可以给予石油开采权的海域地区，大陆架范围又有了进一步的延伸。南越当局已经清楚地表明它希望通过采用“自然延伸”的原则来扩充它的大陆架范围。据此，南越当局还将我国南沙群岛的南威、太平等十多个岛屿非法地划入其版图，划归并入南越的福绥省管辖。[①] 南沙、西沙群岛变成了南越的一部分。

当时的政治背景是，南越“总统”阮文绍在制造同中国的紧张局势的同时，大肆渲染其海域拥有的石油前景，有意识地谋求增强国内外对他摇摇欲坠的政权的支持。[②] 不过，由于这些地区与印尼、柬埔寨和泰国所要求的大陆架海域相重叠，同时也隐藏着与马来西亚、菲律宾和中国发生潜在冲突的阴影，尽管西贡政权同时也表示愿意通过双边谈判或仲裁来解决争端，但在当时这些法令及政策并未得以全面实施。

对于海上专属经济区，南越的西贡政权又于1972年就宣布了它的专属经济区（当时称“专属捕鱼区”），其范围为从领海的外边界起向外扩延50海里（南越当局曾于1964年宣布其领海为12海里）。

（二）中越第一次海战

在将南沙群岛和西沙群岛部分岛屿划归南越版图的同时，南越军队在美国的支持下还以武力行动侵占了我部分西沙岛屿。1974年1月15日开始，南越当局悍然出动海空军，入侵了我国西沙群岛的

① “中华人民共和国外交部发言人声明”，载《人民日报》1974年1月12日第1版。

② La Grange, C, *South China Sea Disputes: China, Vietnam, Taiwan, and the Philippines*, Honolulu: East-West Center, 1980, p. 210.

久乐群岛。同时，出动军舰撞坏我渔轮；派出武装部队强占我甘泉岛、金银岛，打死打伤我渔民多人。甚至还向执行巡逻任务的我国舰艇开炮袭击。[①] 短短几个月间，南越军队就成功地侵占了西沙群岛中的部分岛屿、岛礁。中国海军随后被迫作出反击，收复失土，爆发了中越间的第一次海上冲突。

1974 年 1 月 15—19 日，中越在西沙海域爆发了海战，史称“中越第一次海战”。中国南海舰队共击沉南越海军护航炮舰 1 艘，击伤其驱逐舰 3 艘，俘 49 人，收复被南越侵占的永乐群岛中的 3 个岛屿。这一胜利沉重打击了南越当局的扩张主义，维护了国家领土主权。

然而，就在南越军队被我驱逐出西沙之后，来自北越的军队则利用解放南方之机于当年 7 月至次年 2 月间侵占了我南沙群岛的 5 个岛礁（有报道认为是 6 个小岛）。包括：鸿庥岛、南威岛、南子岛、景宏岛、安波沙洲，另一说法是还占领了北子岛和南钥岛。[②] 这为 1975 年南北统一后越南政府一反过去承认西沙、南沙群岛是中国领土的立场，并把西沙、南沙群岛划入越南版图打下了基础。

尽管在当时，有关南海发现了油气资源的消息不胫而走，并且的确有一些国际组织及国家在南海地区进行勘探（本书第二章第三节中将具体阐述），然而，当时南越的阮文绍统治集团的侵略行为其实醉翁之意不在“油”，这也得到了历史学家们的认同。正如美国历史学家塞利格·哈里森所说：“中越两国关于南海岛屿的冲突，是西贡阮文绍政权 1973 年在越南战争中节外生枝而有意重新挑起来的。这个由美国扶植起来的政权企图利用同中国的冲突来振奋民族主义

---

① “中华人民共和国外交部声明”，载《人民日报》1974 年 1 月 20 日第 1 版。

② David Jenkins, “*A 2000 - year-old Chaim*”, *Far Eastern Economic Review*, August 7, 1981 p. 88.

情绪，支撑其摇摇欲坠的地位。”[①] 最终的事实是，南越当局对南海的油气资源还没有来得及开采便因政权的倒台而中止。但不可否认的是，南越当局在南海海域的一系列海上行动及海洋法实践，为统一之后的越南新政府提供了借鉴。随后，北越军队利用南北统一之机又一连吞并了数个南沙岛、礁，并从南越军队手中全面“接管”了南越政权当时所控制的所有的南沙岛屿。

三、北越政权时期（1945—1975年）

处于战争时期，北越政权（即越南民主共和国）根本无暇顾及海洋权益与海上安全问题，也没有一支拥有强大实力的海军部队，更没有意识到要建立起一道海上安全屏障，因为在当时其首要任务仍然是抗美救国战争，以实现国家的统一。但这并不等于北越政权没有意识到海洋在未来的巨大作用与潜力。更准确地说，在当时的历史环境下只是心有余而力不足。事实上，1973年北越政府便与意大利签署了有关培训能源方面人才的协议[②]（详见第二章第一节内容）。前越南领导人胡志明主席在世时也曾有过这样的论断：“过去越南只有黑夜和森林，现在越南有了天空和海洋。我们的海岸线长而美，我们要很好地保卫它。”[③] 胡志明的这段话如今已经成为了越南保卫其所谓海洋权益的战斗檄文。

“抗美救国战争、祖国统一高于一切”，这一理念还体现在北越政权对我南沙和西沙群岛主权归属的认定上。在当时，国名为“越南民主共和国”的北越政权的一些主要政府官员都在不同的场合多

---

① 转引自：孙小迎：“海洋强国梦——越南海洋战略评析”，载《亚太参考》1996年第35期。

② “北越政权与意大利签署培训石油工人协议”，载新加坡《东南亚石油新闻》1974年10月号。

③ ［越］胡志明：《胡志明诗文全集》，越南人民军出版社，2007年版，第347—349页。

次公开承认中国政府对南沙、西沙诸岛拥有完整的领土主权。历史记载：1956年6月15日，越南民主共和党（北越）外交部副部长雍文谦在会见中国驻越南大使临时代办李志民时表示："根据越南方面的资料，从历史上看，西沙群岛和南沙群岛应属中国领土。"当时在座的越南外交部亚洲司代司长藜禄也指出："从历史上看，西沙群岛和南沙群岛早在宋朝就已经属于中国了。"[①]

1958年9月14日，越南民主共和国总理范文同照会中国总理周恩来，明确表示：越南民主共和国承认并赞同中华人民共和国1958年9月4日重申享有南沙和西沙领土主权的声明。[②] 1965年5月9日，越南民主共和国发表声明，指出："美国总统约翰逊把整个越南和越南海岸以外宽约100海里的附近海域，以及中华人民共和国西沙群岛的一部分领海规定为美国武装力量的作战区域"，这是对越南民主共和国及其邻国安全的直接威胁。无疑声明中再次明确承认了西沙群岛是中国的领土。[③] 此外，越南本国的教科书直到1974年时仍承认中国拥有西沙、南沙群岛主权。比如1974年越南教育出版社出版的普通学校九年级《地理》教科书，在《中华人民共和国》一课中这样写道："从南沙、西沙各岛到海南岛、台湾岛、澎湖列岛、舟山群岛，……这些岛呈弓形状，构成了保卫中国大陆的一座海上'长城'。"[④]

1975年年初，北越军队攻下了南方城市西贡外围的海岸岛屿，形成了海上与陆地两侧包围圈，切断其退路，开始围攻南越政权的首都西贡市，使其插翅难逃。1975年4月30日，随着西贡的完全解放，越南完成了国家的统一，内战宣告结束，但正是在解放西贡的

① 李金明：《南海波涛》（上），江西高校出版社，2001年版，第48页。

② 中华人民共和国外交部文件："中国对西沙群岛和南沙群岛的主权均可争辩"，载《人民日报》1980年1月30日。

③ 李金明：《中国南海疆域研究》，福建人民出版社，1999年版，第204页。

④ 越南教育部（现为教育培训部）：《地理》，越南教育出版社，1974年版，第43页。

过程中，北越政权深切地体会到了海岛、海岸对军事行动的巨大作用，尤其是在地形呈南北狭长极为特殊且面向大海的越南。统一伊始，越南随即便公开宣称其对我西沙和南沙拥有完全主权。1975 年 5 月，越南《人民军队报》第一次在越南地图上将我南沙列入到越南的领土之中。

第二节　统一前后越南对南海主权归属立场的对比（1975年）

在越南统一之后，越南政府的海洋政策与海权立场中的一个最为显著的变化莫过于对于南海诸岛屿主权归属的立场变化，而这正是其正式实施海洋战略之前的一个重要铺垫，可视为是最初始的步骤。因为如果失去了南沙群岛的依托，越南的海洋战略便无从谈起。

一、　对南海诸岛主权的立场变化

1975 年 4 月，越南南北统一伊始，越南当局便正式向我方提出了对南沙和西沙两个群岛的主权要求，并分别更名为“长沙群岛”和“黄沙群岛”。[①] 同时在国际上大造舆论，宣称南沙群岛和西沙群岛是属于越南的固有领土。此时，出于意识形态斗争和拉拢越南的需要，苏联立即作出响应，并一改过去的立场率先承认其为越南领土，[②] 这更使越南在这一问题上有恃无恐，变本加厉。此时，中越关系开始由亲密走向冷淡，并渐渐走向恶化。如本章上一节中提到，

① 越南外交部：《越南宣布长沙群岛和黄沙群岛主权》，越南事实出版社，1975 年版，第 25 页。

② 吴士存：《南海问题文献汇编》，海南出版社，2001 年版，第 76 页。

越南在我南海主权问题上的立场变化在其临近统一之际便出现了十分明显的苗头，只是当时因仍需要中国的物质支持、军事援助不便直接而公开地表达，但就在统一之后则彻底地公开化了，并且变得肆无忌惮，甚至不惜与中国在海上武装对峙，同时还在边境线上不断蚕食我领土，与中方彻底撕破脸，走向了完全而彻底的对立面。

1979 年 4 月 10 日，继我边境自卫反击战之后，越南当局派遣配有火箭筒、轻机枪、冲锋枪等武器和电台的武装军人驾驶船只侵入了我国西沙群岛海域进行侦察活动，同时向我巡逻艇射击挑衅，不但蓄意侵犯我国领海，还严重威胁我领海安全。

1979 年 9 月 28 日，越南外交部公布了一份题为《越南对于黄沙和长沙两群岛的主权》的外交白皮书，拼凑、编造了一些自相矛盾、根本就站不住脚的所谓“证明书材料”，妄图为其非法占领和扩张野心寻找所谓的法理依据。①

对于在南海主权立场上的这一重大变化，事后越南政府的解释竟然是“因当时的战时环境”而导致的。越南声称：“在这场抗击军事力量比自己大得多的侵略者的生死存亡的斗争中，越南越是能争取中国同越南的战斗紧密相连，就越有利于制止美国使用两个群岛和东海来进攻越南。”② 越南还在辩解中称“应本着这一精神，从当时的背景来理解越南政府于当时所发表的与此有关的声明”（即 1956 年与 1965 年两份关键性的声明）。

李先念副总理当年在与越南领导人谈到这一问题时进行了义正词严的反驳。当时，越南总理范文同这样辩解说：“在抗战中，当然我们要把抗击美帝国主义放在高于一切的地位。”“对于我们的声明，其中包括我给周总理的照会上面所说的，应当怎样来理解呢，应该从当时的历史环境来理解。”李先念副总理当即指出，这种解释是不

① 韩振华主编：《我国南海诸岛史料汇编》，东方出版社，1988 年版，第 459 页。

② 越南社会主义共和国外交部文件：《黄沙群岛和长沙群岛与国际法》，载戴可来、童力合编：《关于西沙群岛主权归属问题文件资源汇编》，河南人民出版社，1991 年版，第 113 页。

能令人信服的。作为两个国家，对待领土问题应该是严肃认真的，不能说由于战争的因素就可以作另一种解释法，而应该采取严肃的态度。更何况1958年9月14日范文同作为越南民主共和国政府总理照会周恩来总理确认西沙群岛和南沙群岛属于中国领土的时候，越南并没有发生战争。①

从国际法的角度来看，是北越推翻了南越政权（北越方面始终没有承认过南越政权的合法性）而统一了越南，这个政权的主体仍然是北越，因此北越以前的文件在今天仍具法律效力。此外，国际社会通用的“禁止反言”也严禁任何一个政府在原则性问题上出尔反尔。正如我国国际海洋法裁判所裁判官赵理海教授指出的：“一国政府首脑或长官对一个事实，特别是领土问题，代表本国所作出的明确而不含糊的表示如声明或照会，对其本国是具有约束力的，不得借口所谓战争环境的需要而逃脱其所承诺的责任。”② 可见，在统一前后，越南在南沙和西沙两个群岛的主权归属上出现了一百八十度的大转变，并开始逐步付诸于实际占领行动，为其在随后推动“海洋战略”奠定了基础。

二、关于北部湾划界的立场变化

在越南南北统一之际，越南在有关中越北部湾的海上划界问题上也出现了重大变化。在1974年8月15日在北京开始的中越副外长级谈判中，在事先没有任何沟通及提前协商的情况下，越方突然提出北部湾的海上划界“已经完成”。越南政府称1887年6月间中法达成的《续议界务专条》已经把东经108度03分13秒作为中越两国的北部湾“海上边界线”。到1975年南北统一之后，越南政府

① 《中国政府副总理李先念同越南总理范文同谈话备忘录》，载《人民日报》1979年3月23日第2版。

② 赵理海：《当代国际法问题》，中国法制出版社，1993年版，第182页。

又强调说，近百年来，中越两国历届政府都是按照这条线来行使“海上主权”和“管辖权”的。[①] 在1977年10月的中越边界谈判中，双方曾再次提及北部湾的海域划分问题，但越方仍坚持北部湾海上边界线“早已划定”，声称中法界约“已经划出了一条贯穿越南和中国陆地和北部湾的边界线”。[②]

1982年11月12日，越南在“关于越南领海基线的声明”中提到北部湾海域时称“海洋边界是按照1887年6月26日法国同中国清王朝签订的边界公约划定的。属于越南一方的海域部分构成历史性的水域，应遵守越南社会主义共和国内水的法律制度。”[③]

越南政府变本加厉，试图以法国殖民当局侵占我国南海诸岛的做法以及一系列与此有关的历史材料，来证明今天越南当局对南海主权的合法性。根据国际法，侵略行为不能产生主权，对侵占得来的别国领土的所谓“继承”当然也是非法的，因而也是无效的。事实上，北部湾的海域从来就没有划分过。在《中国政府副总理李先念同越南总理范文同谈话备忘录》中，李先念明确指出：“……（北部湾划界问题）你们硬是说已经分了，硬要把界线划到我们海南岛边上，把北部湾海域面积划去三分之二。这是不公平的，不合理的，我们无法接受……”[④] 况且，法国人离开越南时，在所有两国之间所达成的条约和协议中，均没有任何文字说明法国将南沙移交给越南（南越政府）。更值得提及的是，当南越政权在50年代开始对南沙提出主权要求时，法国公开宣布，法国从未将南沙移交给越南，更何况法国只是在30年代曾一度占领区区9个小岛礁，而现在越南却要“承袭”整个南沙近300个岛礁和沙洲，这无疑是越南在我南

① 吴士存：《纵论南海争端》，海南出版社，2007年版，第99页。

② 张良福：《南海群岛大事记》（1949—1995），海南出版社，1996年版，第201页。

③ 海洋国际问题研究会编：《中国海洋邻国海洋法规和协定选编》，海洋出版社，1984年版，第120页。

④ 吴士存：《南海问题文献汇编》，海南出版社，2001年版，第77页。

海问题上的又一个180度的大转弯。但其目的却昭然若揭：即企图在统一之后通过众多的海上岛屿来营造一个海上安全屏障，稳固其国土的安全；同时，最大限度地获取专属经济区和大陆架的权益，尤其是油气资源，因为在当时已经在南海海域经探测发现了石油天然气资源，且前景十分被看好。

第三节　统一后越南海洋法理发展变化的四个阶段

越南于1975年4月完成南北统一，次年1月正式更名为越南社会主义共和国（南越政权不复存在），之后越南推进海洋法上的法理变化与海上实践活动主要与几部影响重大的海洋法规的出台有关。因此，作者将此大致划分为四个阶段，每一阶段均与当时出台的越南海洋法规及其指导下的海洋实践或重大事件息息相关。

一、第一阶段：1975年统一之后至1982年

由于在统一之后越南的海洋实践活动基本上都是围绕侵占我南沙群岛、宣称对西沙群岛拥有主权这个主题来展开的。因此，为了把我西沙、南沙群岛成功地纳入越南的版图，并造成既成事实，越南做了大量违反法理的所谓法理准备，这可视为是其“海洋战略”在法理上的起步。

（一）法理基础：1977年5月发布《关于越南领海、毗连区、专属经济区和大陆架的声明》

1977年5月12日，通过发布《关于越南领海、毗连区、专属经济区和大陆架的声明》，越南正式宣布其海洋管辖区包括领海、大陆

架和专属经济区，并宣布其专属经济区从其直线基线算起向外延伸200海里。同时宣布，越南有关领海、大陆架和专属经济区的专门问题将遵循独立国家利益和主权的原则，以及与国际法保持一致的原则，留待未来的规则去具体解决。越南还称，越将在相互尊重独立和主权的基础上，按照国际法和国际实践，与有关国家通过谈判解决海洋边界与大陆架划界问题。[①]

根据这一声明，因已将南沙、西沙群岛私自纳入其领土的缘故，越南不仅大大延伸了大陆架和海上专属经济区的范围，而且还使其在法理上自认为有了很强的底气。1979年9月28日，越南外交部公布了《越南对于黄沙（即中国西沙）和长沙（即中国南沙）两群岛的主权》的白皮书，进一步歪曲历史，混淆黑白，为寻找有利于越南的所谓证据制造舆论。“白皮书”将当今越南所称的“黄沙群岛”说成是当年的黄沙滩和黄沙渚，而实际上这完全是两个根本不同的地名概念，且在实际海域距离中也相差悬殊。越南史书上记载称，从大占门（越南岘港一带）前往黄沙滩“只需半天功”，[②] 而中国的西沙群岛离越南有200多海里，按时当时的航海条件这是无论如何也做不到的。因此，这完全是两个截然不同的地方，但被越南政府从中玩了一个“文字游戏”，更换了概念，是偷梁换柱欺骗舆论的结果。

与此同时，越南与中国外交部副部长级的谈判也开始启动，中方派出了以外交部副部长韩念龙为团长的代表团，谈判重点在于北部湾划界上。但双方的谈判经历几年断断续续，一无所获，留下了相互指责的结局和结果。[③] 事实表明，越南所宣称的“与有关国家通过谈判解决海洋边界与大陆架划界问题”不过是一个幌子，其目的

① ［越］外交部：《70年代外交文件汇编》，越南国家政治出版社，2000年版，第202页。

② ［越］黎贵敦：《抚边杂录》，越南历史出版社，1978年版，第99页。

③ Lim Joo-Jock, *Geo-strategy and the South China Sea Basin*, Sigapore University Press, 1979, p. 46.

在于稳住有关各方、欺骗舆论，借机拓展其大陆架和海上专属经济区。

（二）海洋实践：逐步蚕食我南海岛屿

除了法理上的准备之外，越南也疯狂实施海上军事抢占行动。历史记载，越南蚕食我南沙群岛的行为开始于越南南北统一前夕的1975年4月14日，也就是在其发布《关于越南领海、毗连区、专属经济区和大陆架的声明》之前（该声明于1977年5月发布）。这一天，北越军队占领了南越军队于一年前侵占的南沙群岛的南子岛，对西贡形成围攻。1975年4月21日西贡被攻占后，北越军队又趁机迅速占领了被南越军队侵占的其他5个小岛：敦谦沙洲、鸿庥岛、景宏岛、南威岛和安波沙洲。这是一次对南沙群岛自北向南的线状侵占（在这一时间内，越南还在其南部海域侵占了柬埔寨的威岛、土珠岛等岛屿）[①]。

紧接着，从20世纪70年代中期开始，越南便以军事手段先后占领了南沙群岛中的29个岛、礁，基本控制了南沙西部海域的大片地区，造成了实际占有的既成事实；同时拒不归还从我国借用的用于针对美国空袭预警之用的白龙尾岛。在实际侵占了大批我南海岛礁之后，越南便把我西沙、南沙群岛正式划入了越南版图和教科书及宣传册之中，以显示其侵占的“合法性”。

在完成了对南沙群岛大片岛、礁、滩的侵占之后，越南又开始极力主张争端各方在维持现状的基础上保持稳定，不采取使形势复杂化的行动，不使用武力和以武力相威胁，试图使侵占变为一种永久的既成事实，为越南在南海取得更大范围的专属经济区和大陆架的权益做准备。

---

① 转引自孙小迎：“海洋强国梦——越南海洋战略析评”，载《亚太参考》1996年第35期。

二、第二阶段：1982年至1994年

（一）法理基础：1982年11月发表《关于确定越南领海宽度基线的声明》

1982年11月12日，在1977年5月发布《关于越南领海、毗连区、专属经济区和大陆架的声明》的基础上，越南又宣布了一条更为“彻底”的直线基线，即发布了《关于确定领海宽度基线的声明》。在声明中，越南政府宣称，它“……拥有一条长1300多海里的海岸线，包括201个岛屿和群岛与海相邻（可看作是半封闭的海）。越南的海岸是各式各样的：在北部和中部，它特别呈犬牙交错状，并为许多岛屿所环绕；南部和东南部则很不相同。湄公河三角洲是亚洲最大的河流之一，在海岸上留下了厚厚的冲积沉积物……”[①]因此，越南宣称，它的境况类似于孟加拉国，并赞成这样的基线划法：即在国家领土的最外点之间连接划线，不管这些点是大陆上的点还是海岛上的点。

具体而言，这条直线基线是从北面一个离岸13海里的岛开始向南延伸，然后向西走约850海里的距离，把最南端的富国岛包括在内（此岛在越柬陆地公共边界外80海里的地方）。这个直线基线体系共有9个转折点，其中有两个离岸80多公里，有3个离岸50多公里。10条基线中最长的4条分别为162海里、161海里、149海里、105海里。所包围的海区共27000平方海里。

然而，在《关于确定领海宽度基线的声明》中，越南却私自加入了有关我西沙和南沙海域领海基线的内容（1977年5月的“声明”中根本无此内容），同时还重申与各有关国家协商解决海域和大陆架分歧的立场。1992年，越南学者刘文利在其文章《大陆架和越

---

① 越南政府：“关于越南领海基线宽度的声明”，载越南《先锋报》1982年11月13日。

南大陆架》中提出：“从西南方的土珠群岛地区到昏果岛，计算越南领海宽度的基础线已公布清楚，除非在北部湾口，可能越南与中国的两个大陆架重合在一起，双方必须在一起讨论来划分。”[①] 言下之意是，除北部湾外，其他越南沿海大陆架的划界无需与任何国家讨论。时任越南边界事务委员会主任的刘文利在论述这一声明的意义时说，“强调我国在专属经济区及大陆架上不可侵犯的主权，这对我国开发东海，尤其是长沙（即中国南沙）、黄沙（即中国西沙）群岛周围海域的石油、天然气等资源有着极为重要的意义。尽管我们在目前的勘探、开发能力还受到许多限制，但是据科学家们分析判断，一旦将来我们完全具备了勘探、开发东海的资源，这将对我国的经济建设的发展有着无法估量的影响。”[②]

正是从那时起，越南开始了关于东海（即中国南海）和海洋法的大肆宣传。20 世纪 80 年代特别是 1988 年之后，随着越南对南沙群岛海域的大规模蚕食，越南以所谓保卫东海（即中国南海）为目标，充分认识海洋、开发海洋及以海洋法为内容的舆论宣传也开始大规模、全方位、坚持不懈地展开了。[③]

为了帮助政府制定海洋政策并负责组织协调政策实施，越南于 1992 年成立了由有关部门领导、经济学家、军事学家和科学家组成的由一位副总理担任主任的“东海和长沙问题指导委员会”。这被视为海洋国家协调一国的海洋发展必不可少的重要步骤。从此，越南对海洋的重视程度与日俱增。

（二）标志性事件：1988 年中越爆发第二次海战

1988 年 3 月 14 日，中越两国海军在南沙的赤瓜礁爆发了海上冲突（称之为“3·14 海战”），当天越军派出 43 名武装人员携带武器

---

① ［越］刘文利：《越南：陆地、海洋、天空》，韩家裕等译，军事谊文出版社，1992 年版，第 64—65 页。

② ［越］刘文利：“越南在领海及大陆架的主权”，载越南《海军》特刊，1982 第 5 期。

③ 转引自孙小迎：“海洋战略——越南海洋战略评析”，载《亚太参考》1996 年第 35 期。

强行登上赤瓜礁，向我考察人员发起挑衅和冲突，中国海军被迫还击，它是继1974年年初中国海军与南越海军在西沙海战之后中越间的又一次海上冲突。交战中，越军“604”号运输船和“505”号登陆舰被击成重伤，9名越南海军士兵被俘，而我方仅一人受伤。[①] 但越南当局并不甘心失败，一方面通过外交途径向中国表示了“抗议”和“谴责”；而另一方面在其国内动用一切舆论机构大肆宣传，并组织各种游行和示威集会，展开所谓“声讨”活动；在国际上则大搞欺骗宣传，指责中国在南海的这次军事行动是“控制东南亚的前奏”，[②] 以期引起其他东南亚国家的共鸣，制造“中国威胁”的论调。

赤瓜礁冲突事件从性质上来说是中国为保卫领土主权和海洋权益对越方入侵行动的一次正义反击。虽然带有一定的偶然性，但是这是在越南政府发布了《关于确定领海宽度基线的声明》之后所发生的，它的特殊性在于：此举表明越南正在按照最新公布的这一领海基线法则来重新界定其大陆架、领海的范围，试图进一步拓展其领海宽度，它不可避免地触发了与中国的海上冲突。与此同时，这一事件也对越南产生了强烈的“切肤之痛”，使越南政府意识到面对日益激烈的南海争端，海军力量及海上实力提升的重要性。同年4月25日，越南外交部抛出了一份题为《黄沙（即中国西沙）群岛和长沙（中国南沙）群岛与国际法》的文件，这一文件表明了越南当局企图长期占有中国西沙群岛和南沙群岛的观点和立场。[③]

---

① 凤凰网：1988年中越南沙海战：http：//news. ifeng. com/mil/200803/0307_ 235_ 430113. shtml。

② “越南指责中国控制东南亚”，载《参考消息》1988年3月28日第3版。

③ 吴士存：《南沙争端的起源与发展》，中国经济出版社，2010年版，第89页。

三、第三阶段：1994 年至 2007 年

（一）法理基础：越南国会通过《关于批准 1982 年联合国海洋法公约的决议》

1982 年 4 月 30 日，联合国第三次海洋法会议通过了《联合国海洋法公约》，并于 1994 年 11 月 16 日正式生效。根据 1994 年 11 月生效的《联合国海洋法公约》，一个四面环水并在海水高潮时能高于水面的自然小岛，只要它可供人类居住或维持在本岛的经济生活，就可以同陆地领土一样拥有自己的领海、毗连区、专属经济区和大陆架。对于越南来说，这一条约将会对越南的海洋概念产生重大影响，因为尽管整个南沙群岛岛屿面积较小，但由此带来的领海、毗连区、专属经济区的范围却在突然间扩大了数十万平方公里，甚至高达 100 万平方公里——这正是越南梦寐以求的。在这一条约生效之后不久，越南国会立即批准越南加入该公约。在此之际，越南的广播、电视及报纸连续刊登和播放了关于东海（即我南海）属于越南“固有领土”等海洋内容宣传文章和节目，试图为侵占我南海诸岛合法化制造一切必要的舆论。1994 年 6 月 23 日，越南国会在《关于批准 1982 年联合国海洋法公约的决议》中的第 4 条强调：“必须根据 1982 年联合国海洋法公约的原则和标准，把解决黄沙（即中国西沙）、长沙（即中国南沙）群岛的争端问题与保卫越南主权和管辖、裁判权内的海域和大陆架问题区分开。”[①] 也就是说，有关南海问题（其中包括最需要讨论的大陆架和专属经济区）的谈判还未开始，就随着越南主张的关于大陆架划界的排他性而失去了意义。在越南国会看来，南沙群岛的主权归属没有商量的余地，没有任何必要与他国进行谈判。

---

① 越通社：国会通过《海洋法公约》，越《人民报》1994 年 6 月 24 日第 1 版。

越南根据《联合国海洋法公约》所公示的海域主张线不仅包括了我国的西沙群岛、南沙群岛，且与1947年中国出版的《南海诸岛位置图》所标出的南海“断续线”内海域重叠面积达100万平方公里，并对中国在“断续线”内行使主权及管辖权的活动进行干预。越南还成为了彻底否定南海“断续线”最为激烈的国家。[①]

从此之后，越南在南海问题上的立场日趋强硬，并开始明目张胆地歪曲历史，而在另一方面越南对其沿海大陆架的石油勘探开发也由南向北逐渐形成整体开发的态势，并逐步向远海拓展，不时侵入我领海海域。

2006年12月28日，越南政府发表强硬声明再次排他性地宣称南沙群岛和西沙群岛是越南的领土，并强调称越南有充分的历史材料和法律依据来证明这两个群岛隶属于越南。越南外交部发言人黎勇称，正如越南外交部在1992年和1996年两次郑重重申的那样，越南不承认任何一个国家所涉及上述两个群岛的领海范围、海岸线以及大陆架划分等，同时也不承认任何国家在上述海域的一切活动。其后，对于中国领导人所提出的“搁置争议，共同开发”的倡议，越南外交部方面还反驳称，“越南对自己的专属经济区和大陆架的主权”，“不存在暂时搁置主权争端的问题”，越南“没有必要”与中国政府就越南与美国大陆石油公司的勘探合同问题进行讨论，因为“133号、134号标区位于越南大陆架上，完全属于越南的主权和仲裁权，越南对万安滩海域‘拥有无可争辩的主权’”。[②] 毫无疑问，围绕着对《联合国海洋法公约》的官方解读与条约的实际效果，越南的海洋法实践上升到了一个前所未有的新

---

① 李金明：《南海波涛——东南亚国家与南海问题》（下），江西高校出版社，2005年版，201页。

② 越南外交部：“重申长沙群岛和黄沙群岛主权”，载越南《人民报》2006年12月29日第1版。

高度，为越南从上至下的海洋意识与海洋权益观的变化与发展带来了一场革命。

（二）标志性事件：中越万安滩对峙

1992年，中国国家海洋石油公司与美国克瑞史东能源公司（Crestone Enesgy Co.）签约探勘南沙群岛万安滩附近水域之石油蕴藏，决定合作开发位于南沙群岛海域“万安北－21”区块的协议，在当时这是中国在南沙海域唯一的石油开采合约。签字仪式在人民大会堂举行，中方的重要官员和美国使馆的官员都参加了。万安盆地似新月形。东西长达63公里，平均宽也有11公里。水深一般在37—111米之间，个别地方浅至17米。它位于我国与越南之间，盆地的3/4在我国的九段线内，含有丰富的油气资源。1994年4月初，载有科研人员的“实验2号”科考船来到了南沙的万安滩展开考察。顿时，越南的多艘武装船只对我科考船进行了连续不断的围困和骚乱，不停地在我科考船四周绕圈，黑洞洞的枪口始终对准船上的科研人员，武装船只上的越南士兵还不时以中文及英语展开喊话，声称这是越南的领土，要求中方船只立即离开，致使双方长时间在海上对峙。

为了息事宁人，避免爆发海上冲突，1994年4月16日，在越南武装船只的威逼下，“实验2号”海洋地球物理勘探船停止了在南沙群岛万安滩的石油勘探作业，并在有关部门的指示下，于当日撤离，从而中断了1992年签署的中美石油合作开发合同。这是在中越两国的海上对峙事件中中方首次作出妥协，同时也是越南在2014年5月公然企图冲撞我“981”石油钻井平台的原因之一（认为海上滋事袭扰便能达到自己的目的）。

四、第四阶段：2007年至今

（一）法理基础：两部重大海洋法规的通过

2007年1月，越南共产党十届四中全会通过了《至2020年（越南）海洋战略》，提出了新的海洋奋斗目标、规划与任务，设定了海上防御区域与范围，从而进一步完善了其海洋战略。这一战略的核心目标就是到2020年时将越南建设成一个“海洋强国”。随后，2009年的“划界案”以及2011年5月间发生的中越“海上电缆事件”[①] 又极大地推动了《越南海洋法》的诞生。

2012年6月21日，越南第十三届国会第三次会议审议通过了《越南海洋法》，之后越南官方予以高调宣传，媒体大篇幅进行报道，而越南国内的所谓专家们则纷纷解读，声称意义重大。越南成为迄今为止除中国外对南海主权争议地区进行立法的首个南海主权声索国。

《越南海洋法》的立法构想其实酝酿已久，早在1998年就已列入越南国会的立法计划，2009年形成了草案，但此后几年因顾及到中越关系而一直没有了下文。[②] 但南海局势的持续紧张、区域外势力的不断介入终于使越南政府找到最佳机会予以通过，并且姿态十分高调。

这是越南官方首次以立法的方式将中国的西沙群岛和南沙群岛包含在所谓越南“主权”和“管辖”的范围之内，从而将他国的领海主权纳入到了自己的版图之中，为其在未来炮制“西沙争议”、固化南沙所谓“主权”提供了所谓的“法律依据”。2014年5月我在

---

① 所谓“电缆事件”是指2011年5月31日越南石油公司声称其在我海域勘探的科考船的电缆被中方执法船割断，导致失去动力，引发海上局势紧张。此后，越南媒体予以大肆渲染，引发了越南国内的反华浪潮。

② 于向东：“关于《越南海洋法》的若干评析”，载《和平与发展》2012年第5期。

西沙海域勘探作业的“981”石油平台遭无理干扰事件就是在越南的海洋法作用下最为明显的例子之一。

（二）法理行动：提交“划界案”

根据于1982年4月获得通过的《联合国海洋法公约》中有关内容的规定，越南政府开始谋划如何实现海洋利益最大化。越南政府紧锣密鼓地开始了“划界案”的起草与准备工作，2009年5月6日，在最后截止日期到来之前，越南联合马来西亚向联合国提交了其200海里外大陆架“划界案”。

根据这一“划界案”的细节内容，越南和马来西亚两国几乎分食整个南海，并把中国完全排除在外。一天之后，中国常驻联合国代表团就马来西亚和越南联合提交的200海里外大陆架“划界案”向联合国秘书长潘基文提交照会。中方阐明了严正立场，郑重要求大陆架界限委员会按相关规定不审议上述“划界案”。《大陆架界限委员会议事规则》规定，如果已存在陆上或海上争端，委员会不应审议争端任一当事国提出的“划界案”。[①] 按照这一规定，在中国代表的坚决反对下，委员会没有审议马、越共同提出的所谓“划界案”。但在遭到失败后，越南又单独向联合国提交“划界案”，声称对中国的南沙和西沙群岛拥有永久主权。[②] 按照越方所提的“划界案”，整个南海中的大部分海域应该归属越南，从而把其他所有的争端国全部排除在外。

到2009年9月初，当联合国筹备年度联大会议时，越南再一次向联合国提出了“划界案”，当然再一次遭到我国驻联合国代表的强烈反对。越南一年之内虽几次提交“划界案”，但均未能如愿。在明知将会遭到失败的情况下，越南政府仍然一而再，再而三地向联合国提交“划界案”，其用意与目的并非仅仅为了提交“划界案”这

① 成汉平：“美国公开介入南海的理论与实践分析”，载《东南亚之窗》2010年第2期。
② 孙小迎：“邻国划界案中国表异议”，载《环球时报》2009年5月13日。

一过程本身，而是背后有着十分深刻的动机与目的，其目的就在于将南海问题一步步国际化、复杂化。

（三）标志性事件：冲撞我“981”石油钻井平台

进入2012年初春之后，南海局势出现了前所未有的复杂变化。在菲律宾在我黄岩岛不断滋事之际，美国的“重返亚太”战略也进入了实质性的运行阶段，奥巴马政府一方面公开宣布将对亚太区域的盟国进行保护，数百名美军士兵开始驻扎至澳大利亚达尔文港；另一方面则在中国周边国家中寻找同盟者和同情者，逐步形成了对华进行战略牵制的网络，在此基础上，美国宣布将在今后数年强化在亚太的军事存在，并将三分之二的海军舰只部署到亚太地区，以确保在必要时遏制中国的扩张行为。美国的做法对中国形成了舆论上的高压态势，而对其他与中国有海洋争议的南海国家则等于发出了一个十分清晰的信号——让他们放手去对抗中国。我“981”海上石油平台遭越南野蛮干扰以及中越海上对峙事件就是在这样的背景下发生的。

2014年5月3日，中国海事局公布了中国海洋石油总公司“海洋石油981”（HD－981）钻井平台的位置，并提请过往船只注意避让。随后，越南政府迅速作出了反应，派出了多艘舰船急驶150多海里来到我西沙海域进行骚扰破坏。在长达两个月的对峙过程中，越方有渔船，有执法船只，还有军舰和水下蛙人，采用布网、袭扰以及企图冲撞等方式对我进行干扰；在组织形式上，形成梯队和保障，船只被撞坏之后简单修复继续前来，气焰十分嚣张。这是越南首次在我西沙海域阻挠我正常作业（以往均在南沙）。

在官方的默许下，越南国内还爆发了针对中资企业的大规模打砸抢等反华排华事件，导致我4人死亡，300多人受伤，迫使中方不得不组织中资企业大撤离，酿成了自20世纪七八十年代以来中越关系史上最严重的事件。

综上所述，越南在统一之后的海洋法实践是伴随着一系列的国

际公约而展开的，随后以非法侵占中国的岛礁为基础，在南海主张领海、毗邻区、专属经济区和大陆架。虽然《联合国海洋法公约》对国际海洋新秩序的建立发挥了积极作用，但它的局限性同样十分明显，而它恰恰被越南等国所滥用，以至于越南肆意挑战中国南沙主权，对中国进行恶意抗辩。这一过程也逐步催生了符合其国情特点的“海洋战略”。

第二章　越南“海洋战略”正式形成的标志

论述越南“海洋战略”在实践过程中是如何一步步形成与完善的，必须首先把脉越南进军海洋的巨大动力，这便能得出其海洋战略为什么能够在如此短的时间内顺利出台的结论。不同于其他国家的海洋战略，经历过长期战争且地形地貌非常特殊的越南，其海洋战略的形成与国家生存、发展的命运始终息息相关，是其综合国力得以不断提升的重要基础。如此多的因素交织、叠加在一起，又反过来推动了其海洋战略的不断完善、成熟，使其内涵更加丰富更加具有“生命力”。

第一节　越南进军海洋的巨大动力

短短几十年中，越南进军海洋的步伐便超出了所有人的想像。除了一半领土濒临海洋这一地缘因素之外，还有他们的领导层、学术界对海洋、海岛的高度重视，认识到海洋对国家命运的决定性作用，并且将海洋实践活动一一付诸实施，这才一步步催生了其海洋战略。

一、对海岛、海洋战略地位的认知实践

在世界海洋军事斗争史上可以总结出这一现象：凡是利用海权并在海上占有优势军事力量的国家，其国家就必然在一段历史时期内成为世界强国；相反地，一些国家没有认识到海洋和海权的重要作用，忽视海权的重要影响力，那么在以后的海上斗争中就会失去制海权，成为被动挨打的落后国家，由于地理位置原因而不能组建一支强大海上力量的国家，其陆上力量也不能够完全保证国家的安全与稳定。[①] 而越南政府高层对包括海岛在内的海洋战略地位的认知变化恰恰与军事活动有着密切的关系，可以说正是海上军事行动的经历间接催生了越南“海洋战略”的形成。

首先，如本书第一章所述，在越南人民军（北越军队）解放西贡的过程中，沿海海岛发挥了巨大的作用。越南人民军对部分岛屿的占领，对西贡形成了海上与陆地两层包围圈，对当时的西贡政权形成了巨大的心理威慑力，因为这对于拥有狭长地形地貌的越南来说无疑等于切断了南越当局领导层海上的退路，使其除空中外无路可逃。这一战争结果使越南当局从中尝到了甜头，并且充分地意识到作为一个狭长地貌的沿海国家，海洋、海岛是多么的重要，也使其对海洋的战略地位与作用的重要性的认识产生了质的飞跃。于是便有了随后利用解放西贡之机一连占据了多个本属我国领土的岛屿的举动，其中主要包括：鸿庥岛、南威岛、南子岛、景宏岛、安波沙洲等。当然，其中还包括从南越政权手中“继承”的诸多岛屿。

其次，对于海洋、海岛战略作用的认知变化，不能不提到位于北部湾上的白龙尾岛。原属我国的极具重要军事战略作用的白龙尾岛在越南的抗美斗争中发挥了重要的作用。在统一之前，当时的越

---

① 美国陆军军事学院编：《军事战略》，国防大学出版社，1997 年版，第 200 页。

南民主共和国（即北越政权）利用中国政府于1957年3月提供（当时仅属“借用”性质）的白龙尾岛作为自己的隐蔽前哨，为越南北部重镇海防和河内的的防空大大增加了预警时间。[①] 在中国人民解放军的帮助下，越南人民军在岛上设置雷达、防空阵地和通讯站等，及时有效地为沿岸重镇海防及首都河内等重要城市进行防空预警，这一岛屿在战争中发挥了重要作用。这也成为越南政府在战争结束、国家统一之后一直不主动提及“归还”该岛的主要原因，直至中越两国于2004年签订北部湾划界协定时归划越南所有（因已被越南实际占有）。

显然，在战争中对海岛的使用使越南政府从中尝到了不尽的甜头，使其深刻地认识到了海洋、海岛对几乎一半国境线面对大海的一个国家的重要性，同时也逐步意识到一旦拥有了近海的诸多海岛作为屏障，那么越南在安全防御上缺乏纵深保护，这一独特的海洋地理环境所凸显的缺陷，将会得到有效的弥补。基于这样的认识，在统一之后，越南的海洋梦迅速膨胀，而战争的结束也终于可使其腾出精力来规划自己的海洋经济发展与海上防御设想。此时，有关在南海一些海域发现了石油的消息以及周边国家如菲律宾、马来西亚等不断蚕食我南海岛礁的行动也极大刺激了越南。[②]

二、 国家主要矛盾的转移

在完成了统一大业之后，越南的国家主要矛盾发生了根本性的变化和转移：即由争取南北统一转向了国家建设；与此同时，南北统一也使越南当局被胜利冲昏了头脑，认为自己天下无敌，遂不断扩充军事实力，穷兵黩武，在苏联的扶持下开始实现地区霸权主义

① Dieter heinzig, *Disputes Islands in the South China Sea*, Hamburg: Institue of Asian Affairs, 1976, p.33.

② 20世纪70年代开始菲律宾先后侵占了南沙的马欢等6岛1洲1礁。

梦想。如果说当年利用岛屿所进行的南北统一战争促使越南统治阶层改变了对海洋战略地位认知的话，那么，在国家实现了统一之后，越南便有能力也有精力开始关注海洋，在出兵侵略柬埔寨以及在中越边境挑衅滋事的同时，也开始逐步向海上扩张。

根据阿尔弗雷德·塞耶·马汉所阐述的海权理论，海权概念中的实质之一就是将海权直接纳入国家事务层次，即将海军和国家的海外贸易、海上航运、经济发展、国际政治地位等联系在一起，提高海军在国家生活中的地位与作用。① 简言之，就是国家权力与海洋权力是密不可分的。因此，如果国家尚未统一，无法形成有效的国家权力，那么海洋权力只是一句空话。但在实现了南北统一之后，越南完整的国家形式正式形成，有能力有精力来谋划自己的海权。

从越南政府在统一前后对南沙、西沙群岛主权归属立场的演变过程来看，越南政府蚕食我南海岛屿、掠夺我海上资源完全是有步骤有计划地进行的，而在统一之后则明显加快了步伐，且愈发大胆，并上升到了所谓“法理”层面。在统一之后越南共产党的历届党代会文件均说明了这一点。

除了占领南沙岛屿、窥视西沙群岛之外，这段时间中，越南当局还侵占了柬埔寨的威岛、土珠岛等岛屿，并于1978年悍然出兵侵略柬埔寨，在苏联的支持下开始了其地区霸权主义的行径，妄图拼凑“印支联邦”。而向海上扩张与推行地区霸权主义不仅并不矛盾，而且一脉相承。

其次，20世纪70年代中前期正值中国国内处于“文化大革命”阶段，同时还面对着来自北方（苏联）的威胁，主要精力并不在南海问题上，而且我海军实力也不足以在南海起到强大的威慑作用。这在客观上使越南有恃无恐，大规模地公开进行海上蚕食。显然，南北统一战争结束意味着越南国家主要矛盾的转移，海洋实践活动

---

① 转引自朱听昌：《西方地缘战略理论》，陕西师范大学出版社，2005年版，第24页。

从此开始提速，并大踏步地向前。

三、 全球石油危机与越南对能源的渴求

从以研究海洋争端问题为主的海洋法专家张良福先生的观点来说，越南陆地能源资源极为贫乏，石油一直依赖进口，经济发展的水平也较低，而近海海域的石油天然气资源对其的巨大吸引力，无论以什么高度来评价都不算过分。

20世纪60年代末、70年代初，随着中东爆发战争导致国际油价的上涨，全球爆发了空前的石油危机。而此时有关南海发现了石油天然气的消息刺激了各沿海国家，南海周边各国纷纷开始向海上寻找石油，就连当时正处于战争之中的越南也没有完全例外。1973年4月18日，越南民主共和国（北越政权）同意大利国家碳氢化合物公司签订了一项在意大利米兰培训越南技术人员的协定，安排技术人员前往意大利受训。[①] 此举充分揭示了越南对能源的渴求。越南的意图是：在拥有了自己的第一批技术人员之后一旦国家实现统一，能够立即与外国石油公司进行合作开发石油天然气，这是一个极具前瞻性的做法——后来的发展也证明了这一点。此外，越南在当时还积极同挪威、日本等国的石油公司和财团进行接触。正是在这一背景下，尚未完全统一的越南（北越政权）突然提出了同中国讨论北部湾划界问题，试图独占北部湾的大片海域，鲸吞海上石油天然气资源。

统一之后短短几个月的时间（越南于1975年4月30日正式统一），即1975年9月3日，越南石油天然气总局正式宣告成立，全面负责海上石油天然气的勘探与开采。1980年，越南与苏联签订了

---

① 北越政权与意大利签署培训石油工人协议：载新加坡《东南亚石油新闻》1974年10月号。

关于在所谓“越南南方大陆架”合作开发大陆架石油、天然气资源的协定。该协定将我国的南沙部分海域包括在内，立即遭到了我外交部的强烈抗议。我外交部发言人指出，上述海域历来为我国所有，任何国家在上述海域内进行勘探、开采和其它活动都是非法的……[①]在此基础上，越南与苏联又于1981年6月19日成立了越苏石油天然气公司，即Vietsovpetro，简称“VSP”，开始在我南海海域进行石油勘探。1984年5月该公司宣布，他们在海上白海油田PB－5油井区域发现了工业石油。1986年6月26日，第一吨石油从该油井打出，标志着越南结束了没有石油的历史，迈出了石油工业的重要一步，也为未来逐步形成自己的海洋经济体系及海洋战略奠定了重要的基础。而这一过程从越南南北统一起算不过十余年的时间。

综上所述，如果将越南统治阶层对海洋战略的认知变化以及国家主要矛盾发生了转移导致其能够集中精力进行海洋扩张、推行地区霸权主义比作内因的话，那么南海石油资源的发现完全可以成为其中的一个外因因素（本章第三节将详细阐述）。这些因素的联动作用推动了越南“海洋战略”的一步步形成。令人痛心的是，20世纪70年代初、中期，中国正处于“文革”之中，无暇顾及南海，且军力也不足以能在南海起到任何威慑作用，这给了越南等国以可乘之机。伴随着有关南海海域油气资源前景良好的预测性分析报告的大量出现，包括越南在内的各海上邻国开始对我南沙、西沙及附近海域提出了主权要求，并开始付诸行动——直接派兵侵占部分岛屿、岛礁，大规模掠夺海上资源，尤其是油气资源；再接着便开始所谓“法理上”的准备，直至形成最终的“海洋战略”。

---

① 《中华人民共和国外交部发言人声明》，载《人民日报》1980年7月22日第1版。

第二节　越南“海洋战略”形成的标志

要充分论述越南“海洋战略”的内容与基本态势，首先应该明确这一战略形成与完善的重要标志，简言之，它是如何逐步形成与发展的，具体的标志又是什么。本节及下一章将主要厘清这一战略从出台到形成，再到逐步完善过程的一系列重要标志。

一、越共九大报告中首次提及“海洋战略”

越南的“海洋战略”形成的标志到底是什么？这在国内学界并没有一个完全一致的认定，这是因为越南曾先后出台过多项与海洋发展有关的法律、法规文件，从而造成了一定的界定上的困难。但笔者认为2001年4月越南共产党中央委员会所召开的第9次全国代表大会所作出的决议是一个重要的标志。笔者之所以有这一认定，是因为在这份题为《2001至2010年越南经济—社会发展战略》的决议中，越南共产党中央委员会首次单列出了一个专门的章节来对海洋发展提出具体要求，并采用了越南语中的“*chiến lược Biển*”（海洋战略）这一词汇。与此前越南政府所出台的一系列有关发展海上油气、加强海上渔业资源管理以及外国军舰到访等方面的规定、政策、法规及决定等相比，在文字的表达上，这也是首次正式采用*chiến lược Biển*（“海洋战略”）这一概念，并将其上升到了国家战略的层面。而它又完全涵盖了海洋的发展与海上安全——这两个非常重要的战略层面，是一种广义上的海洋战略（并非单一的海洋经济战略）。

现在我们通过表2.1来阐述为什么笔者认定越共九大通过的

《2001至2010年越南经济—社会发展战略》为越南的“海洋战略”形成的标志。

表2.1　越共九大之前所发布的与海洋政策有关的规定①

时间	编号	文件、决议名称	备注
1991年5月8日	242/H Đ BT	关于颁布海上科学研究的法令	
1993年6月5日	03/NQ－T Ư	中央政治局关于当前发展海上经济的任务	
1993年7月6日		颁布石油天然气法	
1993年10月30日		关于实施石油天然气法的指导性意见	2000年6月该法令又进行了补充和完善
1993年11月22日	85/CP	海上渔业领域行政违法的处罚规定	被1996年8月12日出台的48/CP号法令所取代
1994年2月25日	30/CP	在越南领海海域、港口航行的有关管理规定	
1996年10月1日	55/CP	外国军舰访问越南社会主义共和国的有关规定	
1997年9月22日	20/CP/T Ư	关于进一步推动海洋发展的指示	
1998年7月13日	49/ND－CP	在越南海域作业的外国人、船的处理规定	取代了1990年12月22日的第437/H Đ BT号法令

首先，就时代背景而言。从越共九大（2001年）之前所通过的一系列与海洋有关的政策、法规、法令来看，尽管海洋已经逐步受到了越南政府的高度重视，但作为一个完整的整体战略还没有完全

① 转引自中国优秀硕士生学位论文全文数据库：《越南海洋经济研究》（越南语版），作者：刘铁勋，2007年9月第8—9页：http：//epub. cnki. net/grid2008/detail. aspx？dbname = CMFD2007&filename = 2007153339. nh。

成型，多数只是一种单一的概念，诸如渔业管理规定、港口航行条件以及外国船舶管理与检查规定等，而越南语版的各类文件、通知、报告或指示中的越南语原文并没有“*chiến lược Biển*”（海洋战略）的表述。另一方面，就时间节点而言，在20世纪与21世纪之交，国际社会有关“21世纪是海洋世纪”的提法受到了包括越南在内的许多海洋国家的高度重视。鉴于此，处于世纪之交，于2001年召开的越共九大无疑是一个重要的分水岭。

其次，以具体内容为例。在越共九大上所通过的《2001至2010年越南经济—社会发展战略》中，涉及到海洋部分的章节——“推进海洋战略”中明确指出：建设海岛，推进海洋发展战略，充分发挥100万平方公里大陆架的巨大潜能；加强基本性的勘探，为政府制订海洋发展计划提供依据；加强海上及海岸海产品的养殖、加工工作；发展造船业、船运业；扩大海上旅游；保护海上环境；扩大向海上进军的力度，提升宣示海上主权行动。[①] 在该章的最后一部分，“推进海洋战略”还特别提到：“将一些岛屿建设成前往深海的后方保障基地；将发展海洋经济与保卫海上主权紧密结合起来。”[②] 这是越南官方首次提到的海洋发展必须与海上安全并举的思维。总之，这一报告“提出了使越南迈向深海的一系列措施和方向”。[③] 从内容中看，它不仅首次将海洋经济与海上安全全面结合了起来，并且还包括了其他诸多方面，如海上宣示主权、应对海洋污染以及扩大防御纵深（向海上进军）等。显然，与表2.1中所列出的在越共九大之前发布的单项海洋政策相比，《2001至2010年越南经济—社会发展战略》中提及的有关“推进海洋战略”的内容与政治意义已

---

① 越南共产党：《第九届全国代表大会文件汇编》，越南国家政治出版社，2001年版，第90页。

② 越南共产党：《第九届全国代表大会文件汇编》，越南国家政治出版社，2001年版，第92—93页。

③ 吴士存：《纵论南海争端》，海南出版社，2007年版，102页。

经得到了极大的丰富与提升。

第三，以实际情况为例。紧紧围绕着越共党中央第九次代表大会的这一决议，随后几年中，与海洋发展与海上安全有关的文件、规定、政策陆续出台，从而使越南海洋发展战略中的内容得到进一步的细化；与此同时，担任着越南共产党内的重要职务的高级官员纷纷在《共产主义杂志》《全民国防》等党的理论核心期刊上撰文，分析强调越南海洋发展与海上安全的重要性、必要性，从而使越南的海洋发展战略在理论上也不断得到深化、细化。最具代表性的是2005年，时任越南政府边界委员会海上司司长黄明政在越南《全民国防》2005年第6期上撰文，称“应该按照工业化、现代化的奋斗方向发展海洋经济”，并将此称之为“在海上建设国防与保卫祖国事业的重心所在”，[①] 从而十分明确地将海洋经济与海上安全有机地结合了起来，同时将海洋发展与越南的大国家战略——实现工业化、现代化的目标相提并论，使越南的海洋战略产生了一个质的飞跃。他还强调，发展海洋经济、稳固保卫海上主权和国家利益是越南全党、全民、全军的重要任务；必须应对一切挑战和困难，建设强大的海上经济、强大的海上国防。[②]

2006年，时任越共中央经济委员会副书记、越南水产部部长、越南海洋科学技术协会主席阮晋郑在其文章中强调“我国的大海决定着我们的民族在现在与未来的国家发展的战略空间。”[③] 按照阮晋郑的这一理论来解读，越南的国家战略空间有多大，将会由越南的海洋来决定。换言之，海洋战略的成败，决定着国家战略提升空间的大小。越南党和国家领导人以及政府高级官员、学者不约而同地

① ［越］黄明政：“在新时期保卫海上主权和国家利益”，载越南《全民国防》2005年第6期。

② 同上。

③ ［越］阮晋郑：“沿着社会主义、现代化方向发展我国经济”，载越南《经济杂志》2006年第2期。

将海洋战略置于这样的高度也是前所未有的。

越南政治理论学家胡文桁在《越南共产党电子报》上撰文称："如果要解决一系列关键性的社会问题，比如：原料、能源，提高精神生活与物质生活的质量、消除贫困等，除了海洋，没有其他路可走。"①

最后，作为一个只有唯一政党——越南共产党执政的国家，作为党的重大决议，这一文件必然成为一段时间内各项工作的指导性方针，政治意义重大。因此，于世纪之交召开的越共九大上作出的《2001 至 2010 年越南经济—社会发展战略》的决议是越南"海洋战略"形成的标志。

二、 越共九大后涉海文件纷纷出台

在越共九大召开之后，海洋问题受到了空前的重视，越南国内一系列涉及海洋发展及海上安全的重要文件纷纷出台。2002 年 9 月，越南政府颁布了《关于海上自卫队活动的有关规定》；紧接着，10 月 5 日，越共中央又发布第 16CT－ĐU 号指示，关于在新形势下加强越南共产党对海上民兵力量、预备役动员力量的领导。指示要求，各活动于海上的国营单位要加强组织、发展海上民兵力量，努力训练，以拥有足够的能力随时来保卫海上生产、保卫人民、保卫大海，以形成"全民国防和人民安全阵式"的国防防御系统。② 越南官方所指的海上自卫队，是指那些拥有武装的海上渔业作业人员。而"新形势下"显然是指南海局势日益复杂的背景。

越共九大召开的次年，从 2002 年开始，越南政府教育部门将有关

① ［越］胡文桁："将海上岛屿建设成富强的海上经济中心的战略"，载《越南共产党电子报》2006 年 5 月 4 日。

② ［越］中央宣传教育委员会：《发展海上经济与保卫越南岛屿、海上主权》，越南国家政治出版社，2008 年版，第 34 页。

越南海洋、海岛的知识编入了越南的大中专学校、中学以及小学的课本之中，其中包括海岛归属、地理位置、海上权益以及越南的大陆架范围、海上发展战略，以及相关的法律法规基础等。2003 年 6 月 6 日，越南资源环境部、国家旅游总局和越南胡志明共产主义青年团中央在各沿海省、市的青少年中共同发起了有关越南海岛、海洋知识、环境保护等方面的征文、摄影比赛，从此之后这一天被确定为“越南东海与海岛日”（*Ngày biển Đông và hải đảo Việt Nam*），以此来进一步增强青少年的海洋意识。每逢这一天，这一行动总能做到声势浩大，遍布全越南各地。

众所周知，越南是一个由共产党领导的社会主义国家，统一至今一直为一党专政。作为党的中央全会，会上所作出的任何决议通常是指引全党全国前进方向的纲领性文件，具有不可逆转性。与西方国家政治体制下更换政党执政，便可能调整现行政策不同的是，越南执政的共产党所确定的纲领性文件的延续性、连贯性是毋庸置疑的。这也为越南的海洋战略一步步走向成熟奠定了基础。

第三节　越南“海洋战略”形成的外因

越南形成自己的海洋战略的另一个大背景或称“外因”则与南海油气资源的发现、周边国家的勘探、开采以及对海上能源的逐步使用有着密切的关系，而此时全球性的石油危机及由此而产生的社会影响开始日益凸显。南海周边国家纷纷采取行动，或勘探，或开采，或占领，对越南不可避免地产生了刺激和影响。

一、 南海油气资源的发现与开采

在20世纪60年代末、70年代初，当石油危机出现时，近海石油的价值更加突出、更受重视。沿海国家，特别是石油严重依赖进口的沿海国家普遍把解决石油及能源危机的希望寄托在本国毗邻的海域，而此时有关南海已经确实发现了石油及天然气的消息大大刺激了南海沿岸国家及区域外的一些大国。于是，从20世纪70年代初期开始，南沙群岛、西沙群岛开始受到周边各国的关注，它们一个接一个派兵去占领这些荒无人烟的岛屿来追求它们或新或旧的主权声称（其中最具代表性的国家便是越南）。[①]

历史记录表明，有关南海发现石油天然气最早要追溯到1967年前后。当年，联合国东南亚大陆礁层探测团曾提出报告说，中南半岛和南中国海地区大陆架油矿丰富，有210万立方公里的丰富储量，相当于中东各国或委内瑞拉加上墨西哥海湾附近与美国东南部沿海油藏之总和，堪称第二个“波斯湾”；而且含硫量少，品质十分优良。[②] 这一消息顿时使许多国家如获至宝，纷纷进行实地探测、调查，开始大规模行动，以期达到捷足先登的目的。

1969年6月至8月间，美国“亨特”号探测船在美国海洋研究所的安排和组织下，前后共五次在中国南海地区进行探测。[③] 根据他们于当年公布的探测报告显示，这一海域均以基盘为火成岩的海底山为主，山与山之间均有因沉积物形成的盆地，且盘地边

---

① 国防大学编:《面向太平洋的沉思——海洋意识与国防》，国防大学出版社，1989年版，第129页。

② Blake, Gerald (ed), *Maritime Boundaries and Ocean Resources*, *Croom Helm*, London, 1987, p. 99.

③ Shams-Ud-Din, *Geopolitics and Energy Resources in Central Asia and Caspian Sea Region*, New Delhi: Lancer's Books, 2000, p. 102.

缘均朝上，形成地层封闭。海坪周围的地层封闭，有储积大量油气的可能性。"虽然此次探测所用的仅为普通性质的闪电反射法震测，必须做出更详细的地球物理勘测才可确定，但是就在这项消息传出之后，它立即引发了菲律宾及越南武力侵占南沙地区岛屿的动机"。①

在这次海上油气探测行动全面结束后，美国海洋研究所发布了两份正式的报告：一是对南海石油蕴藏量的评估；二是对南海石油蕴藏量与世界其他地区的对比，参见表2.2：

表2.2 对南海石油天然气的评估②

	探明石油储量（10亿桶）	探明天然气储量（万亿立方英尺）	石油产量（桶/日）	天然气产量（10亿立方英尺）
文莱	1.35	14.1	145000	340
柬埔寨	0	0	0	0
中国*	1（估计值）	3.5	290000	141
印度尼西亚*	0.2	29.7	46000	0
马来西亚	3.9	79.8	645000	1300
菲律宾	0.2	2.7	<1000	0
新加坡	0	0	0	0
中国台湾	<0.01	2.7	<1000	30
泰国	0.3	7.0	59000	482
越南	0.6	6.0	180000	30
总计	7.5（估计值）	145.5	1367000	2323

① 萧曦清：《中菲外交关系史》，台湾正中书局，1995年版，第186页。

② US Energy Information Administration："*South China Sea Region*", *Country Analysis Briefs*, August 1999, p. 231.

表 2.3　对南海石油天然气蕴藏量与其他地区的对比[1]

	探明石油储量（10 亿桶）	探明天然气储量（万亿立方英尺）	石油产量（桶/天）	天然气产量（10 亿立方英尺）
加勒比海地区	15.4—29.0	236—337	1000000	2846
墨西哥湾（美国）	2.7	29.4	1014000	5100
北海地区	16.8	156.6	6200000	7981
波斯湾	674.5	1718	19226000	5887
中国南海	7.5	145.5	1367000	2323
西非/几内亚湾 *	21.5	126.3	3137000	200（估计值）

* 地区覆盖科特迪瓦到安哥拉。

表 2.2、表 2.3 显示：美国公布的数据资料认为已证实石油储量值为 75 亿桶，以每吨原油约为 7.33 桶来算的话，大概为 10.23 亿吨的已证实储量。而中国有关部门也对南海的油气蕴藏资源作出了评估，相比之下评估的储量为最高，认为整个南海的石油地质储量大致在 230 亿至 300 亿吨。[2]

尽管评估出的蕴藏量并不一致，甚至相差悬殊，但其中的不争事实则是南海蕴藏着丰富的石油天然气资源。从 20 世纪 70 年代初，南越西贡当局便开始与几个西方石油公司签订了合同勘探南越海岸，进行初步的尝试。1974 年，美孚石油公司（Mobil）在南海发现了第一个海上油田，并开始着手与南越政权合作。但是 1975 年北越政权统一了越南之后，因意识形态方面的分歧及冷战因素，美孚公司最终不得不决定撤出越南（南越），从而未能完成任何开采计划。随

① US Energy Information Administration: "*South China Sea Region*", Country Analysis Briefs, August 1999, p. 232.

② 王一娟："南海被列为国家十大油气战略选区之一"，中国石油网，http://www.oilchina.com/fwzx/syqkyd.jsp。

后，统一之后的越南立即与前苏联合资建了越苏石油公司（VietSov-Petro），取代了美孚公司，并开发了现在称为"白虎"（Bach Ho, White Tiger）的大型油田。而美孚公司另一个试钻地后称之为"大熊"（Dai Hung, Big Bear）的海上油田，也由越苏石油公司在附近地区钻了3口油井，随后顺利打出了石油。

越南本是一个贫油国，石油一向依赖于进口，在当年主要从前苏联和东南亚其他国家进口石油。统一之初，当时其国内对石油的需求并不太高，1990年越南国内石油及石油产品只占能源消耗量的16%。[①] 但越南政府看准了巨大的海上石油潜力。在自身不具备开采条件的情况下以十分优惠诱人的条件与其他国家联手合作。统计显示，1988年外国企业对越南国内的1亿美元投资中有一半是投资到石油领域。[②] 越南也于1990年开始由过去的石油进口国一跃成为了一个石油输出国。从此开始，石油在越南的对外贸易中扮演着重要角色。越南对其石油产业部门寄予厚望，希望从1995年至2000年能从年产700万吨石油提高到2000万吨和100亿吨石油当量的天然气，这一目标很快便得到了实现。越南已从完全依赖从苏联进口原油迅速变成了一个区域主要产油国。当然，其石油产量几乎完全来自于海上，越南的陆地并无油气资源。

随着南海海域油气资源的逐步发现、开采与利用，以及对未来巨大利润空间的预测和由此所产生的诱惑，越南终于将海洋行动提升到理论的高度，一步步催生了越南"海洋战略"的形成。总之，越南"海洋战略"的一步步形成与发展离不开"蓝色圈地运动"与南海油气资源的发现、利用这一特殊的外因背景。

---

① 沈静芳："试论越南海洋经济的发展"，载《东南亚》1999年第4期。

② 游明谦："迅速发展中的越南油气业"，载《东南亚纵横》2002年第9期。

二、 周边国家的海上行动对越南的触动与影响

1973 年爆发的世界石油危机更提高了南沙资源具有的潜在战略意义，进一步加剧了南海主权争端。而南海其他周边国家的海上行动则进一步刺激了刚刚实现了南北统一的越南，迫使其也加快了海上行动的步伐，并使其从中得到了许多借鉴。南海周边国家的行动涵盖了对南海岛屿的抢占和油气资源的开发利用这两个层面，而统一之后的越南在海上的最初行动也体现于这两个方面。

（一）菲律宾

1970 年 8 月 23 日，菲律宾海军侵占马欢岛，易名为“拉瓦克岛”（Lawak），并从此驻军把守；1971 年 4 月 14 日，菲律宾又侵占了南钥岛，易名“科塔岛”（Kota）；4 月 18 日，入侵中业岛，易名为“帕加萨岛”（Pagasa）。1971 年 7 月 10 日，时任菲律宾总统马科斯召集国家安全会议，讨论南沙群岛的地位问题，并发表声明，第一次提出了对南沙群岛的“主权”主张，并要求台湾当局撤出太平岛。菲律宾政府声称，“菲律宾对南海群岛的占领和控制，并对其拥有主权是有充分理由的。”① 1974 年 2 月，菲律宾政府宣称已经控制了南沙群岛的 5 个岛屿，包括马欢岛、费信岛、西月岛、北子岛和中业岛，并将其并入为巴拉望省的一部分，称为“卡拉延”，同时还设立了特别顾问委员会进行管理，随即便在这些岛屿进行“主权宣示”。1976 年 3 月，菲律宾总统马科斯下令建立菲律宾西部军区，在巴拉望省西海岸的乌鲁甘（Ulgan）建立海军基地，并要求要不惜一切代价保卫“卡拉延”。②

---

① Government States Position on Imbroglio over Isles. New Philippines，Febrary 1974. pp. 6 – 11.

② 李金明：《南海波涛——东南亚国家与南海问题》（下），江西高校出版社，2005 年版，第 102 页。

在侵占我南沙岛屿的同时，菲律宾也加快了海上石油的勘探和开采步伐。1976—1979 年，菲律宾城市服务石油公司在该国位于巴拉望省沿海的大陆架上共发现九处离岸油井，估计年产石油可达 910 万桶，占菲律宾全国石油消耗量的 15%。1976 年 6 月，菲律宾石油公司与瑞典的沙能石油在吕宋岛以西 200 公里的南沙礼乐滩钻探第一口井，称为“山巴吉塔一号井”（Sampaguita No. 1），当时中菲两国围绕礼乐滩的石油勘探与开发还爆发了外交争端。此外，菲律宾石油公司还在我国尹庆群礁和郑和群礁内进行勘探活动，并且继续对外进行商业招标。这一举动极大地刺激了刚刚实现了国家统一的越南，使其有了借鉴，迫使越南也加快了海上占领的行动。

（二）马来西亚

马来西亚对我国南沙群岛的侵犯开始于资源掠夺，继之以领土占领。[①] 从 20 世纪 60 年代末至 70 年初期，马来西亚就将南沙群岛范围内 8 万平方公里的海域划为“矿区”（南康暗沙、北康暗沙和曾母暗沙暨所属礁、沙均被包括在“矿区”之内）。紧接着，马来西亚 2 艘钻探船擅自进入南康暗沙和北康暗沙进行钻探。1971 年 3 月，马来西亚又在南康暗沙中的海宁礁和潭门礁进行非法钻探。1974 年 10 月至 1975 年 10 月的一年中，马来西亚在南沙海域非法钻井 11 口，在曾母暗沙发现天然气田多个，最大的一个气田位于曾母暗沙以北海区，储量高达 5000 亿立方米，年产量可达 100 亿立方米，是世界上一流的大气田之一。马来西亚政府将其命名为“民多洛气田”[②]。1977 年，马来西亚在当地建造了一个年产达 520 万吨的液化天然气加工厂，产品出口至日本等国。

1979 年 12 月 21 日，马来西亚出版的马来西亚大陆架地图上把南乐暗沙、校尉暗沙、司令礁、破浪礁、南海礁以及安波沙洲一线

---

① 吴士存著:《南沙争端的起源与发展》，中国经济出版社，2010 年版，第 143 页。
② 吴士存著:《南沙争端的起源与发展》，中国经济出版社，2010 年版，第 149 页。

以南的南沙群岛地区全部划入了马来西亚版图。

在将南沙的大片区域划入本国版图之后，马来西亚又暗中采取行动占领南沙岛屿和岛礁，形成对多个南沙岛礁实际占领的事实。1981—1982 年之间，马来西亚军方一直在积极密谋占领弹丸礁，光登陆演练就准备了半年之久。1983 年 6 月 22 日，马来西亚海军陆战队抢占了弹丸礁，并派驻 22 名士兵驻守。9 月 4 日，马来西亚才公开报道了此事。马来西亚外交部发表声明宣称，“弹丸礁一直是，现在也是马来西亚领土的一部分”。[①] 在此后的几年里，马来西亚出兵陆续占领了几个岛屿，1999 年 5 月又出兵占领了榆亚暗沙，至此一共占领南沙群岛的五个岛礁。自从在中国南海海域开发海上石油之后，马来西亚的经济发展速度迅速提速，其石油出口总量已经超过国民生产总值的 20%。经济增长速度超过了“亚洲四小龙”，成为东南亚地区经济发展速度最快的国家之一。

（三）文莱

文莱曾是英国的保护国。1958 年英国以两项命令确定了文莱与马来西亚的两条侧向的界线，这两条界线同时构成文莱与马来西亚沙捞越和沙巴的领海和大陆架界线。[②] 1982 年，文莱颁布 200 海里渔区条例，同时宣布 200 海里专属经济区，这一区域正好与南海群岛的最南端相重叠。1984 年 1 月 1 日文莱独立后，通过立法宣布实行 200 海里专属经济区制度，并发行了标明海域管辖范围的新地图，它声称对南沙群岛南端的路易莎（即中国南通礁）拥有主权，并分割南沙海域 3000 平方公里。

文莱是唯一一个对南沙群岛提出主权要求却未派兵占领的国家，但对南海油气资源的掠夺并不落后于他人。文莱因开采南沙油气资源而致富，并一跃成为世界上屈指可数的石油富国。目前已经开发

① Statement of the Malaysian Foreing Ministry, 9 September 1983.

② Presscott. Maritime Political Boundaries. 1990, p. 222.

油田9个、气田5个，年产原油700多万吨、天然气90亿立方米。石油和天然气成为文莱经济的两大支柱，也是其出口创汇的最主要来源，其开采的95%以上的石油和85%以上的天然气用于出口。文莱在我国南沙海域侵占了大约5万平方公里的海域，这一数字相当于文莱本国面积的近9倍，它的油田中有2个在我国断续线之内。

在1982年《联合国海洋法公约》获得通过前后，菲律宾、马来西亚等南海周边国家纷纷以“200海里专属经济区和大陆架”为由，对我南海海域提出了权利主张。

对于上述南海周边国家的海上行动，越南政府始终予以密切关注、跟踪和借鉴。一方面，上述三国在南海紧锣密鼓的海上“圈地行动”以及对海上油气资源的勘探、开采给了越南许多启示；另一方面上述三国大力扩充海上军备的做法也使越南产生了紧迫感和危机感，因为在越南主张的领海主权中有一些恰恰是与这些国家存在重叠的。于是，越南屡屡通过诸如抗议、交涉、增加在南海的军事存在等做法及时作出反应来彰显自己在南海的所谓主权，同时也加快了其海上行动的步伐。当菲律宾于1976年成功钻探出“山巴吉塔一号井”时，刚刚完成了统一大业的越南官方对此羡慕不已。越南统一之后第一任总理（时称部长会议主席）范文同曾以“范登”的化名在越南共产党中央机关报《人民报》上以“东海（即中国南海）何时造福于越南人民”为题撰文表示，“一些邻国（指菲律宾）的海上行动给了我们新兴的越南相当多的启示和教益，我们伟大的国家也濒临海洋，更应当在海洋有所作为，以无愧于一个海洋之国……”[①]渴望拥有巨大的海洋资源、渴望成为一个拥有能源的国家，这是越南政府从菲律宾的海上行动中得到的启发。一个铁的事实是：在菲律宾成功钻探出“山巴吉塔一号井”之后，越南很快又强占了我南沙群岛中的几个礁、洲。

① ［越］范登（范文同）：“对东海的思考”，载越南《人民报》1976年6月29日第1版。

1983年9月初当马来西亚正式宣布占领弹丸礁的消息时，越南政府立即作出了强烈的反应。越南外交部在抗议中声称，“长沙群岛、黄沙群岛及附近海域历来为越南的领土，任何人进入都是非法的”。[①] 当马来西亚政府对此回应称，马来西亚不仅占领弹丸礁，而且下一步还要占领安波沙洲时，越南顿时察觉到了马来西亚将在未来对其构成的海上威胁，于是在1983年底将安波沙洲上的越南驻军由过去的50名增加到了150名，加大了防御力度。

此后，当马来西亚政府宣布与到访的俄罗斯总统普京签署了5年之内从俄罗斯购买18架苏－30MKM最新战机的协议，交易金额高达9亿美元时，处于经济转型之中的越南政府也立即斥巨资从俄罗斯等国购买大批军火。

就上述外在因素而言，越南的“海洋战略”在一步步的形成过程中不可能不考虑到南海周边国家的行动对其所产生的影响。与20世纪70年代中前期仍处于战乱之中以及80年代初期百废待举的越南相比，这些国家更有能力实施海上行动，这些国家的行动启动早，且富有实效，这无疑给了越南许多借鉴。而越南历来认为，除了中国，另三个与其在南海存在着主权之争的国家正是菲律宾、马来西亚及文莱，这三国的海洋实践不可能不引起越南的高度关注和密切跟踪。因此，这三个国家在海上的行动不可避免地对越南产生了一定的影响，无论是在军备竞赛还是在海洋法实践方面。

除了南海周边国家之外，另一个不得不提的是印度。同为发展中国家的印度出于地缘战略的考虑，尤其是出于对中国进行遏制的战略需要，对海洋的重视程度不断提升。这在20世纪80年代后期、90年代初之后体现得愈加明显。印度认为“印度的安危系于印度洋”。印度首任驻华大使潘尼迦曾这样表示：“谁控制了印度洋，谁

---

① 越南外交部：“抗议马来西亚侵占我领土行为”，载越南《人民报》1983年9月5日第4版。

就掌握了印度。”[①] 对于在新世纪雄心勃勃争当世界大国的印度而言，“印度海洋成功的关键在于对印度洋的控制能力”。冷战结束之后，印度调整海军战略，开始在印度洋推行以威慑求扩张的“国家安全战略”，重点发展以航空母舰、核潜艇和洲际弹道导弹为主的三位一体核打击力量以形成对区外大国的威慑。[②]

2000年，印度发表了《海军新战略构想》，明确指出要通过建立强大的远洋海军，阻止其他海洋强国势力进入印度洋，以确保其在该地区的优势地位。印度于2001年在安达曼岛设立战略防御司令部正是意在对区外大国形成威慑。[③] 作为借鉴，为巩固和提高本国海军的地位，在20世纪末、21世纪初时，越南吹响了海军改革的号角，打造强力海军，形成海上防御体系，把“保卫海洋领土和海洋资源”作为新军事战略的重心，使海洋战略逐步走向完善。

综上所述，在越南“海洋战略”出台的前的多年中其周边国家对海洋的高度重视以及在海上的“有所作为”无不影响着半壁江山靠海的越南，这也从另一个侧面一步步催生了越南“海洋战略”的出台。在2009年5月13日向联合国大陆架界限委员会提交200海里外大陆架划界案截止日期临近之际，越南的这些周边国家不再满足于“200海里专属经济区和大陆架”主张，又将眼光瞄准“200海里以外大陆架”，为此，他们积极开展所谓“大陆架外部界限调查”，之后相互联手或单独向联合国大陆架界限委员会提交外大陆架的“划界案”，在南海掀起了新一轮的“圈地”与“瓜分”狂潮，越南当然不甘落后。

---

① ［印］K. M. 潘尼迦：《印度和印度洋——略论海权对印度历史的影响》，德隆、望蜀译，世界知识出版社，1965年版，第81页。

② 宋德星：“论90年代印度的‘区域威胁’军事战略”，载《南亚研究季刊》1998年第3期。

③ 朱听昌：“增强战略安全意识　拓展国家安全利益”，载《解放军国际关系学院学报》2010年第1期。

第三章　越南“海洋战略”基本完善的标志

通过上一章的论述不难看出，越南的“海洋战略”有一个逐步形成的过程，而于世纪之交召开的越共九大作出的决议无疑是其形成的标志。至于越南“海洋战略”基本完善的标志，这在国内学术界似乎并没有多大的争议，这就是越南共产党中央委员会于2007年1月在越共十届四中全会所通过的《至2020年（越南）海洋战略》。[①]

第一节　《至2020年（越南）海洋战略》出台

自从世纪之交召开的越共九大首次提及了发展“海洋战略”的宏伟目标之后，越南的海洋强国梦、海洋大国梦开始不断膨胀。而2007年1月在越共十届四中全会所通过的《至2020年（越南）海洋战略》提案是越南政府第一次公开而十分明确地将海洋发展与海洋安全问题提升到一个战略的层次，并向越南国内各阶层以及国际社会广而告之。它是由党的中央全会表决通过的具有国家大战略性

① 越南语的全称为：Chiến lược Biển đến năm 2020.

质的战略规划，内涵丰富，目的明确，目标清晰，意义深远。

一、《至2020年（越南）海洋战略》获得通过

2006年4月18日，越共十大如期召开，越共总书记农德孟在代表越共九大中央委员会发表报告提到海洋问题时，特别强调：“建设、实现全面而有重心、有重点的海洋发展战略，先期发展有利可图的海洋产业，以尽早将我国建设成为本地区的海上经济强国，并与保卫国防的努力紧密相连。”这一报告还提到了发展海港、海上运输、开采与加工海上油气资源、发展海洋旅游，并先行发展一批有潜力有条件的沿海区域及海岛。[①] 上述表述显然意在为《至2020年（越南）海洋战略》进行某种舆论上的铺垫。

2007年1月，越共十届四中全会召开，会上顺利通过了《至2020年（越南）海洋战略》的提案并就此形成了重大决议，标志着越南海洋战略进入了一个全新的历史阶段。

在这份报告的引言中，它明确提出：“21世纪是海洋的世纪，海洋决定着国家和人民的未来命运……当今，我国主权面临着前所未有的严峻挑战……”它表达了越南共产党、越南政府决心高度重视海洋、彻底倚重海洋，同时渴望将南海海域海洋权益全部占为己有的迫切愿望和勃勃雄心。

当然，越南的“海洋战略”由当初的形成到逐步完善并最终走向成熟并非一日之功，而是经历了一个循序渐进的过程。事实上，在这个提案提交到越共十届四中全会表决之前，越共中央内部先进行了许多先期理论上的准备，只是从战略的形成到完善这一过程并不算太漫长。2005年，时任中央政治局委员、中央理论研究委员会主席、越共“十大”文件起草小组组长、后当选为越共中央委员会

① 越南共产党：《第十届全国代表大会文件》，国家政治出版社，2006年版，第93页。

总书记的阮富仲在《共产主义杂志》上撰文强调“要大力发展海洋经济（石油天然气、造船业、港口、航海、海产、旅游），尽早将我国在东南亚地区变成一个海上强国，同时将此与国防、安全与国际合作紧密地结合起来。”①

在该战略出台之后，越南海上执法部门从此开始变本加厉地驱赶在我国海域正常作业的我渔船和渔民，其中从 2007 年 1 月后的一个月中驱赶和抓捕行动就达 500 多艘（次）。2007 年 6 月，越南出动了 30 余艘武装船只，对中国中石油集团在西沙海域实施海洋工程调查的作业船进行围堵和阻截，双方船只一度在海上形成了紧张而激烈的对峙，海上冲突险些爆发。② 随后几年中，南海局势日趋复杂，中越的海上权益之争也变得极为尖锐。这一切皆因越南落实其海洋战略而出现的最新动态。

二、越南“海洋战略”完善的标志

尽管内容完全保密，但在《至 2020 年（越南）海洋战略》出台之后，越南官方媒体及半官方的媒体立即开始组织专家连篇累牍地解读它的重大意义，各级党委则进行辅导学习，再一次在越南国内掀起了一股海洋热潮。笔者之所以认定《至 2020 年（越南）海洋战略》的出台标志着越南海洋战略的完善，是基于以下主要认识：

首先，就内容而言，《至 2020 年（越南）海洋战略》包含了海洋经济发展、海上安全与主权维护、涉海法律与外交（即所谓“融入世界”）以及海洋环境的保护等，涵盖了几乎所有与海洋有关的方方面面，是一部真正意义上的全面的海洋战略，是越共中央高层根据海上局势发展的决策结果。

---

① ［越］阮富仲：“呈交越共‘十大’的报告草案之基本内容”，载越南《共产主义杂志》2005 年第 8 期。

② 李金明：“南海问题的最新动态与发展趋势”，载《东南亚研究》2010 年第 1 期。

其次，就时间节点而言，它不仅部署了当前一段时间的战略任务，而且还有未来十多年（即从出台至2020年）的主要战略规划与发展纲要，将国家未来发展的命运与海洋紧紧相连，从而真正成为了一个指导未来海洋发展的重大方略。

再次，与越共九大上以报告中的一个章节来阐述海洋战略所不同的是，《至2020年（越南）海洋战略》是以党的决议的形式形成的全面海洋战略，其重要性自然不言而喻。

此外，这是由越南共产党中央全会作出的以（海洋）专题为形式的重大决议，作为唯一的执政政党，由越共中央通过的这一决议还具有至高无上的政治意义。而整个战略完全对外保密更彰显出它的重要性。

此后，围绕着《至2020年（越南）海洋战略》，或以此为契机，一系列相关法规陆续出台，进一步丰富了越南的海洋战略内涵。作为越南“海洋战略”中的一部分，2008年1月26日，越南国会常务委员会通过了关于海上警察的法令——第03/UBTVQH/2008号法令。这一法令从2008年7月1日起正式生效。此前越南海上警察经过了十年的实践（初成立于1998年8月29日），被称之为越南的“海岸警卫队”①。

2009年10月，越南政府批准《至2020年、定向至2030年（越南）海洋运输发展规划》；2010年4月，时任越南政府总理阮晋勇签署了《到2020年越南岛屿经济发展规划》，决心将“岛屿建设成为保卫祖国海疆及海岛地区的主权和主权权益的稳固防守线”。②2010年5月，阮晋勇又批准了《到2020年越南海洋自然保护区体系规划》。这意味着越南“海洋战略”的内涵不断得到了丰富。

① 郝晓静：越南海上警察的建立与发展，载《湖北警官学院学报》2011年第6期。
② ［越］总理批准岛屿规划：载越南《人民报》2010年4月30日第1版。

第二节 《越南海洋法》的高调推出

2012 年 6 月，越南政府高调地颁布了由国会通过的《越南海洋法》，这是继 2003 年《国家边界法》之后由国家最高权力机关通过的第二部涉及国家领土主权问题的法律，意在使越南对整个南海的非法军事占领及军事活动合法化。与《至 2020 年越南海洋战略》之内容高度保密所不同的是，这部海洋法不仅高调，而且其内容还被公诸于媒体。这是因为，《越南海洋法》的出台背景已经发生了重大变化。

一、《越南海洋法》的出台背景

进入 2012 年初春之后，南海局势出现了前所未有的复杂的变化：

第一，美国的“重返亚太”战略进入了实质性的运行阶段。美国奥巴马政府一方面公开宣布将对亚太区域的盟国进行保护，数百名美军士兵开始驻扎至澳大利亚达尔文港；另一方面则在中国周边国家中寻找新的同盟者和同情者，逐步形成了对华进行战略牵制的网络。在此基础上，美国宣布将在今后数年强化在亚太的军事存在，并将 2/3 的海军舰只部署到亚太地区，外界认为美国希望“确保在必要时遏制中国的扩张行为”。美国的做法对中国形成了舆论上的高压态势，而对其他与中国有海洋争议的国家则等于发出了一个十分清晰的信号。

2012 年 6 月初，时任美国国防部长帕内塔来到了越南中部的金兰湾，这是自越战结束之后美国防长首次踏足金兰湾，极具象征意

义。它意味着美国一惯奉行的在南海争端中“不选边站队”的做法正在悄然改变。

对越南来说，妄图通过东盟和以美国为首的外部势力对中国构成“多对一”的态势，在南海问题上形成合力共同对付中国的战略构想正在得到实现。

第二，南海周边主权声索国在南海的主权问题上突然大幅度提高了调门，并且敢于采取实际措施争取战略上的主动，最鲜明的例子是从2012年4月份起，菲律宾在黄岩岛问题上持续地向中国展示强硬，并与美国频繁展开战略互动，包括购买美国军舰、举行联合军演等。不仅如此，日本也在钓鱼岛问题上与中国持续爆发外交摩擦。一直关注这场争端的越南高层判断，上述一系列的海上争端已经导致中方高层焦头烂额，疲于应付，而又难以应对，最终不得不默认事实。

在越南政府看来，各方都在同一时间集中向中国叫板，这是一个千载难逢的良机，中国或许比以往更难一一应对与众多邻国的海洋争端问题。因此，认为出台海洋法的时机已经成熟。

第三，通过不断试探我底线，越方得出的结论是，在中国共产党第十八届代表大会之前，中国国内稳定将是压倒一切的要素。越方认定，菲律宾、日本等国一步步得寸进尺的强硬做法将迫使中国不得不选择忍气吞声，以求在十八大召开之前拥有一个稳定的周边环境。同为共产党执政的国家，越南领导层自认为比其他国家更能理解中国领导人的真实想法。

在海洋法正式获得通过之前，时任越南国会主席阮生雄于2012年5月21日在第十三届国会第三次会议开幕式上就明确宣布，本次会议将对13部法律进行表决，其中就包括十分重要的《越南海洋法》。其实，越南制定海洋法的立法构想酝酿已久，早在1998年就已列入越南国会的立法计划，至2012年正式推出，可以说从酝酿到正式出台，共花了14年的时间，这与南海局势的发展变化与区域外势力的卷入密切有关。

因此，海洋法的消息公布之后，越南国内舆论高度评价，民间纷纷集会庆祝。不过，就在《越南海洋法》获得国会高票通过（仅一票反对）的同一天，中国政府正式宣布成立地级三沙市。于是，庆祝顿时又演变成了反华示威。此后的一连数周，越南少数示威民众来到我驻越南大使馆前进行抗议示威，涂污、损毁我国旗，宣称长沙群岛（即我南沙群岛）和黄沙群岛（即我西沙群岛）永远属于越南。[①]

越南精心选择了时机，出台了首部海洋法，中国外交部迅速作出强烈反应。中国外交部副部长张志军于第一时间召见越南驻华大使，就越方通过的新法律侵犯中国主权向越方提出强烈抗议[②]；中国全国人大外事委员会也于当天就越南国会通过《越南海洋法》致函越南国会对外委员会向越方提出抗议，认为这一做法也违背了两国领导人就南海问题达成的共识，有悖于《南海各方行为宣言》的精神。[③] 中国全国人大外事委员会对此表示强烈抗议和坚决反对。越南通过其海洋法公然将我国南沙群岛和西沙群岛纳入其版图之中，不仅违背了南海周边各国在《南海各方行为宣言》中作出的承诺，而且还暴露了其欲长期霸占南沙群岛、窥视西沙群岛的野心，进一步损坏了中越友好关系。

二、越南“海洋战略”的再补充与再完善

越南的海洋法共分七章 55 条，第一章为“一般性规定”，主要

---

① 成汉平：“越南海洋法对我影响与对策”，载《世界经济与政治论坛》2013 年第 2 期。

② “张志军副外长就越南国会通过《海洋法》提出严正交涉”，载中华人民共和国中央人民政府网站：http：//www. gov. cn/gzdt/2012-06/21/content_ 2167028. htm。

③ “全国人大外事委员会就《越南海洋法》致函越南国会对外委员会”，新华网，http：//news. xinhuanet. com/world/2012-06/22/c_ 112273353. htm。

明确了各职能机构管理及保卫海洋的原则、范围、领域以及相关政策等，其中的第一条还明确了越南的领基线、领海、南沙和西沙群岛及其他岛屿的经济专属区、大陆架。

第二章为“越南的领海”，共有14条，主要规定了属于越南领海主权的法律适用范围，确定了领基线的划分原则。其中第一条称，目前“黄沙群岛”[①] 和“长沙群岛”[②] 以及北部湾的领基线尚未划定，将在国会常务会议批准《越南海洋法》之后予以正式实施。如今，国会方面已经批准，这等于其自行规定了领海范围以及大陆架。

第三章为“在越南海域的活动”，共有10条，指出国外船只必须在不对越南造成任何危害的情况下方可通过越南海域，其中包括不得使用武力或威胁使用武力危害越南的独立、主权、领土完整，同时不得对其他国家的独立、主权、领土完整构成威胁。

第四章为“发展海上经济”，共有5条，规定了发展海上经济、规划海上经济的一系列原则，确定了优先发展海上经济的领域与部门，制订了在岛屿以及海上进行投资发展海上经济的鼓励政策及优惠条件。

第五章为“海上巡逻、海上检查”，共有3条，明确了海上巡逻、海上检查的部门、任务、职责及巡逻、检查的范围。部门包括：人民海军、海上警察部队、边防部队、人民公安、驻岛与驻群岛的部队、海关、水产、交通运输、环保以及医疗检疫部门。

第六章为“处置海上违法行为”，本章的4个条款规定了对肇事对象为外国人的海上违法行为的处置地点、诉讼方法及法律依据等，确保各职能机构相互配合并依法处置。

第七章为“实施细则的解释说明”，其中提及本海洋法于2013年1月1日正式生效，此后政府将逐条公布实施细则的解释说明。

---

① 越南将我西沙群岛称为“黄沙群岛”。

② 越南将我南沙群岛称为“长沙群岛”。

继《越南海洋法》之后，2013 年 1 月起，越南政府又先后批准了或更新了一系列相关的海洋法规，它主要包括：《至 2020 年、面向 2030 年越南旅游发展总体规划》（其中规定了涉海旅游在海洋经济中的所占比重）。2014 年 1 月 24 日，时任越南总理阮晋勇签署了《关于建设五青年岛的 186/Q Đ – TTg 号》决定。按规划，2013 – 2020 年将建 5 座“青年岛”：陈岛、昏尾岛（Hòn Chu ối）、土珠岛、白龙尾岛、昏果岛。所谓“青年岛”计划实质上就是（向上述岛屿的）移民计划。

包括 2012 年通过的《越南海洋法》在内，这些涉及海洋或与海权归属问题有关的最新规定与决策被视为是越南“海洋战略”在已经基本完善的基础上的再补充与再完善。但不可否认的是，随着《至 2020 年（越南）海洋战略》《越南海洋法》这两部重要涉海指导性文件在五年内先后出台，越南“海洋战略”已经完全走向了成熟。

第三节 越南“海洋战略”形成与完善过程中的三大内涵

不同于其他国家的海洋战略，越南的“海洋战略”在形成、发展与完善的过程中，围绕我南沙、西沙群岛及争议海域的主权归属问题始终贯穿于其中，成为它最大的特点。

一、广义与狭义的海洋战略内涵

最先提出越南的“海洋战略”之雏形概念的是越南当时的高级政府官员兼学者刘文利。在中越关系完全解冻之前的 1990 年，时任

外交部长助理、部长会议边界委员会主任的刘文利以“内部发行”的方式出版了《越南陆地、天空、海洋》一书。[①] 之所以称之为“雏形”，是因为在当时还没有任何人或研究机构明确地采用过“海洋战略”这样的表述和提法，并且尚未形成相对完整的海洋战略的相关概念，尽管越南当局在当时正在我南沙群岛大规模蚕食我岛屿。在当时的条件下越南上下对于“海洋战略”的概念尚不完全清晰、直白，刘文利在越南公安部内部发行的该书中的观点、立场以及海洋思想却成为了后来越南海洋战略一步步形成与完善的重要基石，以至于越南历届政府在制订涉及海洋政策及法规时屡屡引用、提及他的海洋观点，赞赏并高度肯定他的“高瞻远瞩”，甚至称赞他是越南“海洋战略思想”的奠基人之一；[②] 而他亦高官亦学者的身份，注定了他在书中提出的观点、理论和立场带有明显的官方的色彩。值得一提的是，后来的越共总书记（时任部长会议主席的）杜梅高调为本书的出版作序。杜梅在本书的序言中写道：“……这是一部介绍越南的边界、海岛的历史及现状，阐明现代条件下如何‘卫国’的基本内容的书”，杜梅在序中还形容“将本书列为全体干部的必读书籍是当之无愧的。”[③] 从杜梅的序言中不难得出这样的结论：最初的海洋战略（雏形）概念中就已经包括了“卫国”的理念，因此越南的海洋战略不仅仅是一种海洋经济发展层面中的单一内涵，事实上它已经远远超越了这一内涵。

再以刘文利在本书中所提出的观点为例，就内涵而言，他所提出的海洋战略同样设想了多种内涵，其中有狭义的，即以单纯开发海洋经济为主的海洋战略；也有广义的，即在发展海洋经济的基础

---

① ［越］刘文利：《越南：陆地、海洋、天空》，韩裕家等译，越南公安部内部发行，军事谊文出版社，1992 年版。

② 参见［越］黎洪奉：《越南海洋思想的起源与发展》（越文版），越南事实出版社，2009 版，第 29 页。

③ ［越］刘文利：《越南：陆地、海洋、天空》，韩家裕等译，军事谊文出版社，1992 年版，第 1—2 页。

上以增强海上军事力量，建设一个以海洋强国为主要目标的海洋战略。在当时的历史条件下，刘文利就明确地在书中提出了越南应当推行后一种海洋战略的思考。2007 年，刘文利又出版了一部新作《对于越南陆地、海洋和天空需要知道的一些知识》，作为该书的姊妹篇，而此时越南“海洋战略”已经得到了基本完善。刘文利在《对于越南陆地、海洋和天空需要知道的一些知识》一书中正式定义了越南“海洋战略”的概念，认为它“是兼顾了当前和未来的十分全面的海洋政策。”① 根据刘文利本人在这部书中对越南“海洋战略”的分析、解读和定位，越南海洋战略的内涵同样是“全面的、丰富的”。

正是在 1990 年内部出版的《越南：陆地、海洋、天空》一书的基础上，越南政府开始高度重视海洋，并随后于 1992 年成立了由有关部门领导、经济学家、军事学家和科学家共同组成的、由政府的一位副总理亲自挂帅担任主任的“东海和长沙问题指导委员会”这一常设机构，归由越南共产党中央政治局直接领导，从此将海洋问题一步步提升到政治和战略的高度，完全跳出了单一海洋经济的范畴，使其内涵更加丰富，更具主导性。越南现代经济学家阮春江在分析越南的海洋战略所包含的内涵时认为：“在我国经济条件有限、国力还不十分强大，尤其是东海（即我国南海）海域还存在激烈争端的情况下，如果缺乏长期的战略眼光，不结合政治、经济、外交、文化、历史以及国防等综合因素，并将其纳入其中，那么我们成功实现海洋战略的可能性就会大大降低。”② 可见，在越南学界，他们已经将海洋战略的内涵拓展到了多个不同的领域，而非单一的海洋经济发展方略，这也是由越南的国情特点以及南海争端不断加剧这一背景所决定的。

---

① ［越］刘文利：《对于越南陆地、海洋和天空需要知道的一些知识》，越南青年出版社，2007 年版，第 45 页。

② ［越］阮春江：“关于越南海洋战略”，载《越南经济》2008 年第 1 期。

对于越南“海洋战略”中更全面的内涵，在《至2020年越南海洋战略》出台之后，时任越共中央委员、中央思想文化部部长何登在越南权威的《共产主义》杂志上发表的极具影响力的论述文章中作了高度概括，他认为越南“海洋战略”就是“以‘人民战争’阵式的一种综合力量来发展和推动国家海洋经济，以‘全民国防’的国家传统来捍卫我们海上神圣的领土主权。这些综合力量主要包括：用于开拓海洋经济的力量、捕捞海产的力量、运输力量、为石油天然气及航海服务的力量，以及水文气象、灯塔、码头、科研、民用工程建设等方面的科技力量、保卫和管理海域的力量。最后一种力量中包括一切人民武装力量，即民兵及海上、岛上和沿海的自卫队、海军部队、边防部队、沿海各地方部队、岛上和沿海人民等，其中海军部队是保卫海洋安全的核心。”[①] 对于越南“海洋战略”真正的实际内涵，何登的阐述已经再明确不过。

根据上述的分析，我们由此可以得出一个最直接的结论：越南海洋战略的内涵是广义上的，它已经远远超越了“海洋经济”这一最基本的范畴，它包括政治、经济、外交和军事等诸多不同的领域。越南的海洋战略不是狭义意义上的单一的海洋经济战略。这是我们对该战略最基本也是最重要的内涵定位。

二、紧扣南沙、西沙海洋权益的内涵

提及越南的“海洋战略”的内涵，笔者认为，与其他国家的海洋战略所不同的是：它有一个非常显著的特点，即其核心是侵占我国南沙群岛和西沙群岛（越南将其分别称之为“长沙群岛”和“黄沙群岛”）的领海主权以及海洋资源的争夺与攫取，对于我国的决策

① ［越］何登：“发展海洋经济和保卫祖国海域、海岛中的若干思想工作问题”，载越南《共产主义杂志》2007年第5期

部门和相关研究人员来说，这一点可被视为是该战略中一个非常重要而又非常特别的地方，必须自始至终予以高度重视，因为它侵犯了我国的神圣主权，并危及到我国的海洋权益。事实上自从越南民主共和国（即当时的北越）成立之后，越南“海洋战略”体系从初期的海洋实践到提出相关思想再到完全形成的一步步演化完善过程中，几乎每一个步骤都没有离开过对我国南沙和西沙这两个群岛的主权争夺与海上权益的掠夺性攫取（本书在第一章中及第七章的“基本特征”中也有类似阐述），可以得出这样的结论：其内涵完全涵盖了主权与资源两个方面的争夺，并且紧紧围绕这一内涵而展开一系列的具体实践。这一点在我国学界已经是一种共识。

在历史上，越南学者早在越南南北统一之前，即 20 世纪 70 年代初期就十分隐晦地提出了占据南沙和西沙并以此来向海洋拓展的最初设想，其中的代表性人物主要包括文人政治家素友、黄松等，他们或以诗歌或以散文、随笔等方式表达了越南对大海的向往、对南沙和西沙岛屿的占有欲望。1974 年 10 月，越南劳动党中央委员会委员、越南劳动党中央机关报《人民报》主编黄松在接受泰国记者采访时公开表示，“中国不是这一地区的国家，不应当拥有它所声称拥有的那么多海域，”[①] 暗示南海及海上岛屿应当属于越南，当时越南尚未实现南北统一。而越南著名的政治家兼诗人素友在当时的越南《人民报》上发表了渴望拥有“东海”的诗篇，他还引用了越南已故主席胡志明曾经说过的话，“胡伯伯经常告诫我们：‘我们拥有金山银海’。”[②] 此后，随着越南实现南北统一，这样的思想不断得到深化，并且逐步付诸于越南对南沙群岛的实际占领行动，至 1976 年越南更改国名为“越南社会主义共和国”时已经占据了南沙至少 10 余个岛、礁。[③] 1975 年 5 月，越南报纸刊登了越南全国地图，把

---

① Sun Guo Jiang, *Vietnam's Hegemonistic Logic*, Beijing Review, 1979 - 05.

② ［越］素友：“海的遐想”，载越《人民报》1975 年 7 月 21 日。

③ 吴士存：《南沙争端的起源与发展》，中国经济出版社，2010 年版，第 87 页。

中国的西沙群岛、南沙群岛划入其版图，并将西沙群岛改称为“黄沙群岛”，将南沙群岛改称为“长沙群岛”。1979 年 9 月，越南政府发表了题为《越南对于黄沙（即我国西沙）和长沙（即我国南沙）群岛的主权》的第一个白皮书，公开声称拥有南沙群岛和西沙群岛的主权，并将中越关系的恶化彻底公开化。在不断进行海上蚕食的基础上，随着海洋资源的重要性和越南战略地位的日益凸显，20 世纪 90 年代初，越南学者刘文利公开提出了旨在实现海洋梦的观点，他说：“对我国来说，占有东海（即我南海——引者注）的黄沙群岛和长沙群岛，并将其纳入祖国的领土，是极其重要的，其重要性已经远远超过了开发沿海岛屿。”① 这一旨在突出海洋战略深远意义的观点使越南当局如获至宝，它后来成为了越南海洋梦的重要基础，并始终贯穿于越南“海洋战略”的形成与发展过程之中。即便在今天，越南官方的新闻媒体仍然每天都有关于南沙群岛的动态性消息报道，甚至公交车上也刷满了“黄沙，长沙，越南的神圣领土”，试图在公众印象中造成越南完全拥有南沙和西沙主权的事实。

综上所述，从越南政府高度重视海洋、逐步推行海洋战略的整个历史进程来看，从 1992 年越南最早成立由一位副总理挂帅直接领导的官方机构“东海和长沙问题指导委员会”、到中越两国于 1988 年爆发“3・14”海战，再到后来及近年来越南政府出台的多项海洋政策以及不停地任命南沙群岛、西沙群岛上的驻岛行政官员、调整行政区划、推广海岛旅游，以此来宣示主权等行为无一不是这一战略核心在具体实践之中的体现与反应。在军事上，随着“陆守海进”的战略调整，越南近年来逐步打造强势海军的做法也同样是这一战略核心的诠释。因此，越南的海洋战略是完全紧扣着强占我南海岛屿、从我南沙、西沙群岛攫取海洋资源及企图强占我南海岛屿这一

① ［越］刘文利：《越南：陆地、海洋、天空》，韩家裕等译，军事谊文出版社，1992 年版，第 21、22 页。

主题来展开的。这既是越南海洋战略的内涵，同时也是这一战略的显著特点之一。笔者将在第七章“越南海洋战略的基本特征、目的与意义”中予以详细阐述。

三、 不断变化与丰富的内涵

既然我们认定越南当今所推行的“海洋战略”的内涵是极为宽泛的，是一种广义上的海洋战略，那么它的内涵就并非固定的、静止的，一成不变的，而是一个处于不断变化之中的战略，它在实践过程中不断得到补充与完善。近年来，一方面随着国际能源市场价格的波动、能源的紧张，以及在南海大规模的油气开采和广泛的利用；另一方面随着现代国际海洋法的不断发展和完善，加之南海争端的日趋激烈，这在客观上刺激了越南政府必须不断扩充其海洋战略中的内涵，使其更加符合客观形势与时代需求。

就理论层面而言，这一内涵上的不断变化体现于两处：

第一，在地理空间上发生了一个“巨变”。越南政府认为，随着1994年11月生效的《联合国海洋法公约》开始进入实施阶段，越南的海上主权范围与以往相比几乎扩充了100万平方公里的范围①，而在以往所提到的海洋发展思路的概念所涉及的范围则仅仅局限于海岸地区的陆地上及沿海区域，但如今随着海域空间的扩大其内涵也随之迅速“被扩大”：它不仅包括了海洋经济的发展，还与越南的工业化、现代化战略息息相关。② 此外，根据越南于2012年6月正

---

① 陈德恭：《现代国际海洋法》，中国社会科学出版社，1988年版，第137页。根据1994年11月生效的《联合国海洋法公约》，一个四面环水并在海水高潮时能高于水面的自然小岛，只要它可以维护人类居住或本岛的经济生活，就可以同陆地领土一样拥有自己的领海、毗连区、专属经济区和大陆架。尽管整个南沙群岛岛屿面积很小，但由此带来的领海、毗连区、专属经济区范围却达数十万平方公里。

② ［越］裴文友：“越南海洋战略与工业化、现代化新视野”，载越南《光芒杂志》2007年第6期。

式通过的海洋法，越南已经将整个南沙和西沙纳入到了自己的版图之中，并且不惜在2014年5月与我爆发长时间的海上对峙。

第二，除了在地理空间上的变化之外，它还体现于越南民众对其国家发展战略在思维与理念上的改变。在当今全球化的进程中，它大大突破了人们过去的“陆地概念”的思维，上升到了“海洋概念”的思维。经过多年的宣传教育，人们思维中“海洋的时代”在越南已经开始进入一个根深蒂固的时期，“海洋意识”成为了普通越南人中与“经营意识”并重的思想理念。[①] 现任越共中央委员的经济学家、越南学者斐文友就对海洋战略这种变化之中的内涵大加赞赏。斐文友说，“这种改变才使我们的海洋战略更具持久的生命力，并推动我们的海洋战略不断趋于完善。”[②]

笔者根据越南官方及学界对*chiến lược Biển*（海洋战略）的表述，并在对此总结之后认为：首先，越南“海洋战略”的内容虽然宽泛、结构也不尽完善，但它与其他任何一种成熟的战略体系一样，有着极强的生命力、号召力和持久的影响力；其次，越南特殊的国情和地缘特性决定了越南海洋战略中其内涵的多样性与宽泛性；第三，越南的海洋战略因涉及到其他周边邻国及日趋激烈的海洋争端，这本身也注定这一战略必须处于不断变化之中，因为各国的国情、相互的实力对比及双边关系、多边关系处于一个不断变化之中。所以，越南的海洋战略并非狭隘地表达出海洋经济与海洋发展目标上的诉求，而是服务于越南国家大战略的海洋强国梦。如果我们仍然将其简单地定位于“海洋经济”，将受困于“经济海洋”的桎梏之中，是在静止地、机械地看待问题，也无法解释越南“海洋战略”在其国内具有如此强烈号召力的根本原因。

---

① 笔者近年曾在越南工作过，越南的商业氛围极浓，可谓“全民皆商”。

② ［越］裴文友：“越南海洋战略与工业化、现代化新视野”，载越南《光芒杂志》2007年第6期。

第四章　越南“海洋战略”的主体内容

“发展海洋经济是为了增强国家实力，保卫民族独立和国家主权完整，实现国强民富、社会公平文明的伟大战略目标”,[①] 笔者认为这可视为是越南“海洋战略”最核心的内容。根据越共九大所提出的“推进海洋战略”以及在此之后所出台的与海洋发展、海上安全有关的一系列法规、政策、规定，特别是越南共产党第十届四中全会上所通过的《至2020年（越南）海洋战略》及国会通过的《越南海洋法》等，越南“海洋战略”的主体内容可作如下归纳，但其核心仍离不开海洋经济的“发展”与海上“安全”的建构——这两大主题，且两者关系无可割裂。

第一节　越南海洋经济与海上安全的相互关系

在研究海洋的许多学者和海洋安全研究人员的理论体系中，如

① 越南共产党：《关于按照工业化、现代化的方向推动海洋经济发展》，越南国家政治出版社，1997年版，第16—17页。

果单从纯海洋经济的角度来分析，“海洋经济发展”与“海上安全”应该是两个完全不同的概念，或者说有一定的交叉、相近，但却是无法完全统一的两个概念。从逻辑学的角度来分析，也的确如此。以美国为例，美国拥有完整的一套海权理论体系，同时还制订了海上安全战略。其中，美国海军战略学家阿尔弗雷德·马汉（1840—1914）提出的海权论还被视为是海上军事斗争的宝典、20世纪最伟大的理论遗产之一。[①] 但无论是海权理论还是海上安全战略，都与人们观念中单一的以海上经济为主体的“海洋发展战略”这一概念存在着不小的区别，两者根本不能混为一谈。而之所以存在认识上的误区，究其原因是多方面的，但最主要是不同的战略思维传统以及越南本身所拥有的特殊的地缘背景所产生的认识差别。

一、对越南海洋经济与海上安全相互关系的定位

以历史发展进程来看，越南作为一个统一仅仅30多年的发展中国家，长期以来，它既没有形成一套自成独立体系的海上安全战略，更没有诸如马汉提出的“海权论”体系，同时越南坐拥大海却没有强大的海军和海上力量。因此，根据越南语*chiến lược Biển*（海洋战略）这一词组的结构及含义本身以及其概念所蕴含的广义内涵及特点来看，越南“海洋战略”更是海洋经济发展与海上安全的一个统一体，即完全包括了海洋经济的发展与海上安全这两个层面。这是基于以下诸多理由而形成的认识。

首先，在1975年完成统一之前，越南一直在经历着长期的独立战争，其对海洋真正能够付诸于行动的重视也只是在统一之后，且在南海发现了大量油气资源之后，有关海洋发展与海洋安全方面的思想、理论及观点才一步步形成，并逐步发展起来。尽管越南于统

① 转引自朱听昌：《西方地缘战略理论》，陕西师范大学出版社，2005年版，第11页。

一前后便在南海付诸于舆论与实际行动，抢占了大量我南沙岛屿，但迄今为止越南并没有一套成为独立体系的海上安全战略，而在此时应运而生的*chiến lược Biển*（海洋战略）实际上就涵盖了“发展”与“安全”这两个层面的内容。它是海上发展与海上安全的一个统一体，只不过囿于历史条件是先有行动，后有理论的一种结果。就理论角度而言，根据学者们对现代海洋战略的定位，特别是以海洋强国为目标的现代海洋战略的诠释——它更是一个综合性的全方位立体海洋战略。

其次，那些能够真正对海洋进行全面综合利用的国家，肯定拥有一支十分强大的海军，而强大海军的建立又离不开一国海洋经济的发展。这正是两者之间统一且依存的相互关系。这一海上安全与海洋经济发展之间的关系，是马汉在总结了美国及其他国家的海军发展史（包括殖民时期武装商船队的历史）之后提出来的。马汉认为，海军战略比陆军战略的范围更广，它包括许多平时的非军事措施。等到一国占领了优越的海洋位置之后，便可得到决定性的胜利，这些位置也许在战时反而得不到手。① 被认为继承和发展了马汉的海权学说、被西方学界称之为“现代马汉”的前苏联海军元帅谢·格·戈尔什科夫（虽然戈尔什科夫的著作中并末提及到马汉的名字）更加明确地强调了一国海上力量的综合性和统一性。他把海军及海洋研究船、探险船、考察船、科学机构、设备、相应的海洋技术人员、商船队、港口网、各种保障勤务、造船、修船业、海洋资源开采等等，都划归海洋强国必不可少和必须予以发展的海上力量的组成部分。②

越共中央委员、中央思想文化部部长何登在他发表的理论文章《发展海洋经济和保卫祖国海域、海岛中的若干思想工作问题》一文

① ［美］马汉：《海权论》，范海鸿译，陕西师范大学出版社，2007 年版，第 29 页。

② 转引自：王生荣：《蓝色争锋：海洋大国与海权争夺》，海潮出版社，2004 年版，第 149 页。

中强调：“成为一个海洋强国是我国的战略目标，它是以建设和保卫祖国事业的要求和客观条件出发的。这一观点必须在各级、各行；各业及每一个干部、党员和群众中成为潜意识、决心和意向。”① 通过他的这段话，我们清晰地看到了越南海洋战略的真正目标——海洋强国，而它则包括了两个重要的方面，即海洋经济的发展与全民海防——海上安全体系的铸成。

第三，就现实角度而言，囿于激烈的海上主权之争以及海上力量平衡不断被打破，特别是中国的第一艘航空母舰“辽宁号”下水之后海上实力的飞速发展，越南也开始打造一支强力海军，谋求对“地区大国”不对称海上实力，“基洛”级潜艇于2014年开始陆续列装便是体现。而前苏联海军元帅谢·格·戈尔什科夫一针见血地指出，“海军是海洋战略、海上力量的最重要组成部分。”② 可见，越南的海洋战略实际上就是海洋经济发展与海上安全的一个统一体。

迄今为止，尽管从越共九大开始便提出了“海洋战略”的概念，而且此后又先后出台了多项海上油气及海洋经济发展战略，但越南始终没有提出独立的自成体系的一套海上安全战略体系，而是将其纳入海洋发展战略之中，即其海洋战略包括了海洋经济的发展与海上安全这两个重要的层面。

二、 海洋经济与海上安全相互关系在实践中的体现

除了理论层面，再以实际情况为例，无论是越共中央全会所制订的《至2020年（越南）海洋战略》还是越南海洋专家们所提出的海洋发展思路，事实上它都完全包含了两个方面的内容，即海洋经济发展与海上安全——利用海洋发展国家经济，同时以海上的岛

---

① ［越］何登：“发展海洋经济和保卫祖国海域、海岛中的若干思想工作问题”，载越南《光芒杂志》2007年第5期。

② 转引自王生荣：《蓝色争锋：海洋大国与海权争夺》，海潮出版社，2004年版，第154页。

屿、岛礁来拓展国家的防御纵深。早在1995年2月，越南政府就明确要求职能机构必须加大努力，逐步出台“与国家的国防方针紧密相关的”海洋资源的开发政策。为此，越南政府在当时一方面加大扶持力度，针对渔民提供税收优惠和无息贷款，以此来鼓励他们在存在争议的南沙、西沙群岛海域展开捕捞作业，同时在这些海域实行招标，与国外石油天然气公司联合开发油气资源；另一方面则下令海军为他们提供海上安全保护，[①] 从而十分恰当地演绎了海上经济与海上安全之间的这种互补关系。这种互补关系成为后来越南“海洋战略”逐步形成与完善的重要基础。其中《至2020年（越南）海洋战略》里提到，海洋经济的发展将会极大地促进海防的巩固与稳定。前越共中央总书记杜梅对此也有明确的论述，他说：“为捍卫我们的主权、国家利益和海上自然资源，我们必须增强我们的防御能力。与此同时还要发展强大的海洋经济，以海上经济来带动、促进强大的国防建设。”[②]

综上所述，就越南的海洋战略之实质而言，海洋经济的发展离不开有效的海上安全与保护，而海洋经济又是海上安全水平、海军实力得到有效提升的重要经济基础，对海权弱国越南而言，海军力量及海上实力的提升所依靠的正是海洋资源的不断开发与利用，这既是其源泉，也是其动力。这样一种互补关系的铸成既有复杂的南海争端因素，也有越南自身的战略考量，同时还囿于越南的国情特点。因此，对于越南语中*chiến lược Biển*（海洋战略）的表述，笔者认为越南“海洋战略”完全涵盖于海洋的发展与安全这两个层面，因为这两者缺一不可，事实上自始至终，它的内涵都包括了海洋经济与海上安全这两个重要的核心主题。

---

① EIU, Country Report: Vietnam, 2nd quarter, 1995, p. 13.

② ［越］《杜梅文集》，越南国家政治出版社，2002年版，第128页。

第二节　主体内容之海洋经济层面

通过上述论述得知，海洋经济与海上安全是不可分割的两个重要方面，而海洋经济则在越南的整体国民经济中扮演着重要的角色（本书第七章将具体阐述）。而海洋经济又是一个综合体系，它包括：沿海经济中心的建立、海洋产业部门的广泛形成以及海洋科研工作的发展等。

一、形成沿海海洋经济中心

越南海洋战略中要求：从综合发展海洋经济的角度出发，规划形成沿海海洋经济中心，涵盖海上运输、航海；捕捞、养殖、渔业业务以及加工海产；油气加工产业；造船业及船只维修；开采及加工海上矿产；建设沿海加工出口区，并建设海岸物流运输基地；拓展海上旅游及相关业务。[①]

建设与沿岸产业密切有关的“海上经济中心”或称“沿海经济中心”。具体包括：

北方：重点建设河内—海防—广宁一线的沿海经济中心，其中两大重点海岸城市：海防与下龙湾市（下龙湾市中还包括鸿基、拜寨和桁浦三镇）将成为北部地区最重要的海洋经济中心。

南方：重点建设胡志明市—边和—头顿海上经济中心，把巴地—头顿建成为海洋经济前沿地带。

中部：建设顺化—归仁—芽庄—金兰（湾）海上经济中心，将

---

① ［越］阮春江：“关于越南海洋战略”，载《越南经济》2008年第1期。

其作为中部地区、西原地区走向海洋、与泰国、柬埔寨等国经济合作的一个踏板。

除了上述南中北三大沿海海洋经济中心外，按照海洋发展战略的方向，各沿海省、北部湾沿岸省、地区制订出符合本地区实际情况的海洋发展计划，其中沿海城市必须建设成当地的海洋经济中心。各省市还必须成立省市一级的关于海洋和海岛的指导委员会，以加强领导与组织工作。

按照现代化的方向改造、升级各深水港口及码头，使其与公路、铁路以及水运运输系统合理相连，形成水陆路网。

形成北中南三大港口群：

北方港口群：重点是海防港、丐林港，以该两港口为中心，向周边地区辐射，带动经济的发展。

南方港口群：重点是头顿港、氏外港、西贡港，以此带动西南部的苴芹港、鸿冲等中小港口。

中部港口群：以岘港、归仁、芽庄，金兰（湾）为中心，与泰国、老挝共同研究开发鸿拉港。

组织向人口稀少或尚无人员居住的岛屿、岛礁的移民工作，将沿海人员迁徙到附近的岛屿上生活，尤其是一些要冲式的岛屿，比如白龙尾岛、长沙群岛（即我国南沙群岛）、土珠岛、鸿宽岛。加快在已经成为要冲的大陆架上兴建浮动房屋的步伐，使之成为巡逻、监督、保卫海洋、海上科研以及海上经济活动的重要立足点。其中，还要将一些沿岸的重要岛屿建设成富饶、人口稠密、具有战略意义的海上堡垒，如富国岛、昆岛、富贵岛、李山岛、昆草岛、鸿梅岛、吉婆岛以及下龙—姑苏岛礁群。

在发展海上经济的同时，将由国家对与此有关的基础设施进行投资建设，首先是与港口桥梁、直升机机场、通讯设施密切相关的领域；推动海上航空飞行管理、航海管理的现代化及一体化建设，升级改造海上调度系统，优化雷达、通讯、信号灯、浮标及海上救

助等系统；出台政策鼓励海上投资，出台扶持移民前往岛屿生活的家庭相应的鼓励政策。

二、推动海洋产业部门的形成与发展

根据海洋及海洋经济的发展趋势，迅速形成与海洋业有关的产业部门，形成生产、加工及出口配套体系，并使这些产业部门在新的时期、新的形势下成为国家新的经济支柱。

（一）油气产业

必须制订出油气发展战略，加大投入，使其成为一个拥有强大经济实力的国家级集团，从而有能力实现勘探和开采石油天然气的双重目标，并最终实现能够在国外勘探、开采的目标。迅速而有效地推动海上石油天然气的勘探、开采与利用，建设并形成炼油、化油、加工及天然气开发与管理的新型工业领域，全面发展海上油气业，提高勘探与开采、使用的效能。实行多种措施并举的做法，使勘探、开采海上油气资源逐步形成较大或特大的规模。

越南“海洋战略”要求采取积极措施吸引外资，特别是吸引那些既有经济实力又有开采技术的国家前来长沙群岛（即我国南沙群岛）和北部湾海域勘探、开采油气资源。其中必须预留一些海上石油平台由其自行进行开采，将此与租用外国设备或利用外资相结合，从中探索、汲取宝贵经验，为今后独立开采创造有利条件；积极推进存在领海争端的海域的勘探、开采行动，坚决加快这方面的步伐。就海上的石油产量而言，在2015年要达到2500万吨，并在2010年之后仍保留一定数额的贮藏量。[①] 扩大国内的天然气销售渠道，做到产销两旺。

① 此为越共九大上所通过的《2001至2010年越南经济—社会发展战略》中涉及到海洋规划部分中有关油气开采的内容概述。参见越南语版《第九届全国代表大会文件》，越南国家政治出版社，2001年版，第119页。

（二）渔业产业

在国家最初的资金和政策扶持下，越南的渔业主管部门不断自我完善、自我投资挖掘、拓展海洋渔业资源。集中发展深海捕捞作业和现代化的海上养殖产业，加大投资渔业、海产加工领域的比例，使其逐步接近并达到现代化的水平，并与提高管理水平、拓展市场结合起来。以新科技、新工艺扩大海上养殖业，使海上养殖、捕捞、海产加工形成科学合理的比例。注重渔场的保护，严禁对渔场的破坏性捕捞、开采。对渔民实行优惠政策、减免税收政策，鼓励他们前往远海、深海捕捞作业，鼓励他们远离近海销售渔业产品、海产品。

有重点地投资深海、远海渔业作业，形成现代化的、有实力的深海、远海捕捞群体或机构组织，尤其是在中部和南部海域地区。继续在海岸地区及一些较大的岛屿上建设与完善渔业从业人员的生活设施，在吉婆、岘港、潘切——头顿，金瓯——迪石沿海一线形成渔业产业的后勤、加工、贸易、物流的新型中心。

（三）运输产业

海上运输产业必须与港口发展、造船业的发展同步。大力发展远洋运输与近海运输，增加越南本国在出口物资运输中的比重。努力与国外合作，扩大、增加海上运输线及海上运输形式，扩大向国外出租运输船只的业务。

有重点地改造一些深水港口，通过设备的更新换代来提高码头装卸能力，尤其是港口集装箱运输装卸的能力。还要重新分配港口的组织与管理力量，完善相关机制。对进出港口的道路在现有的基础上进行改造、升级，提高码头的通行能力。

在运输过程中，尤其是对油气的运输，一定要严格执行有关保护环境的法律；一旦在运输过程中出现原油污染海面的事件必须有及时而有效的应对举措。

（四）造船产业

提高修理及制造大型运输船只的能力，逐步实现造船业的现代化。加大投入，并在沿海改造、升级造船企业，以提升修理、制造船只的能力，达到“中等及大规模”的要求；制订出未来十年的造船业、修理业的发展规划。

（五）旅游产业

越共九大的决议中指出，大力发展海上旅游使之真正成为一个重要的经济产业。沿海或海上旅游产业必须得到越南各级党委、各级政府的高度重视和大力的发展，海上旅游环境必须得到改善，旅游产业的质量必须有明显的提升。涉海旅游必须有规划、有计划，有效投资，同步发展，挖掘形成多方面的旅游群体，如休养、休闲、参观考察、游玩等，同时对潜力巨大的海岛旅游、海域观光、海岸海滩旅游及海湾旅游等不断加大投入的力度，如下龙湾、涂山、岘港、芽庄、头顿、龙海等，形成以这些沿岸城镇为主的旅游休闲中心。越南拥有125个适于旅游的大小海滩，可同时接待几十万游客，其中有20多个符合国际标准，海水清澈，沙滩洁白，海风适中。按照规划，必须重新论证这些海滩景点，提升档次，将涉海旅游纳入到海洋战略之中。

有选择地吸取国外经验，组织多国相连的跨国旅游；组织陆地与海上相结合的旅游项目，使保护海上景观与保持民族文化特色结合起来。

2013年1月，越南政府批准《至2020年，定向至2030年旅游发展总体规划》。该规划将越南划分为七大旅游发展特色区，其中北中部将重点发展海洋沙滩和海岛旅游，南中部重点发展海岛旅游。为了实现这一战略目标，越南将开展多种主题旅游活动，其中之一就是发展海洋、岛屿以及海岛旅游。至2020年，当“海洋战略”实现时，海洋旅游将占海洋经济GDP的14%—15%[①]。

---

① 古小松主编：《越南报告》（2012—2013），世界知识出版社，2013年版，第246页。

三、推动海洋科研工作及海上干部培养

在海洋战略中，海洋科研工作也被置于极为重要的地位。越南海洋战略中提出：组织进行深入而有系统地研究海上资源、海上环境工作，推动海洋科研工作，指导各部门机构、各地方政府制订切实可行的海上经济发展计划，保护环境，保卫国家的海上主权。补充、完善海洋法律法规，提高实施效果，通过《油气法》，启动研究《海产资源管理法》《海上环境法》等立法条款。按照现代化的发展方向投资建设海上巡查、监控力量，以确保国家法律得到遵守，并符合于国际法。严格控制对海上及沿海地区不可再生资源的开采行动，坚决遏制不遵守法律及不符合规定的随意行为。

对海上干部（涉海干部）的培训必须逐步纳入到规划之中，建立健全对这些人员的培训机制，且做到了有步骤有重点，使受到培训的干部产生“辐射作用”，带动其他人员自觉培养自己的海洋意识，以满足在海上资源管理与环境管理工作中日益增加的需要。

四、在海洋经济发展、法理建设及保卫主权方面推动国际合作

越南“海洋战略”明确提出“激励国外公司、企业前来我海上投资，尤其是大型跨国公司，投资形式可多种多样，包括百分之百外资，BOT[①] 等，以发展海洋和海岛经济。”[②] 扩大国际合作，特别

---

① BOT是英语的缩写形式，即Build-Operate-Transfer，中文含义是指东道国政府将那些急需建设而又缺乏资金的公共基础设施项目，如公路、桥梁、隧道、港口码头、供排水系统、废水或垃圾处理等建设工程项目，通过招标或洽谈，签订特许协议，由某些民营企业（主要是外国投资者）投资设立的项目公司负责筹集资金，提供技术管理人员，建设东道国政府急需的特定工程。项目公司在项目建成后的特定期限内，拥有、运营和维护该项设施，有权通过收取使用费或服务费回收投资，并且获取合理的利润。特许权期限届满后，该项设施的所有权即无偿移交给东道国政府。见：Hongying Wang, *Weak State Strong Networks*, Oxford University Press, 2001 p. 320。

② 越南共产党：《第九届全国代表大会文件》，越南国家政治出版社，2001年版，第110页。

是加强与本地区各国针对海上资源与环境的科学研究、基本调查和管理合作。

积极参与、签署具有保护国家利益作用的一些海上条约、公约，以便一旦出现海上争端时作为保护国家利益的法理基础。积极参加旨在管理、保护及开采海上资源的国际组织；积极而主动地承担与“东海”（即我南海）有关的一切活动，并力争作出突出成绩。为此，越南的石油政策也从20世纪70年代的坚决反对西方国家介入转变为80年代后期欢迎西方公司的大举进入，甚至主动请求西方跨国石油公司在南海钻探和开采。尽管越南欢迎西方石油公司进入有多种原因（其中包括技术上的原因），但利用石油利益使南沙群岛争端国际化，不能不说是其中的一个非常重要的因素。

第三节　主体内容之海洋安全层面

在海上安全层面，越共九大文件中明确提到“对海洋经济的指导必须与保卫海上国家安全、国家主权密切结合起来。”[①] 从该报告出台到当今越南在海上安全方面所取得的实际效果来看，这的确是一个非常具有时代意义的纲领性的文件，对政府及军方具有重要的指导意义。根据这一报告，越南政府及军方随后出台了一系列旨在保卫其海洋主权的文件、政策，并购买旨在加强其海上实力的先进的武器装备，这些均可以看作是构成越南海洋战略方面的主要内容。2003年4月，越南国防部制订了《越南2010年前的军事战略》，评估了越南当前的战争实力与潜力，重新确立了新形势下的军事战略方针，其中重点提及了应对海上武装冲突的方法。2003年底，越南

① 越南共产党：《第九届全国代表大会文件》，越南国家政治出版社，2001年版，第34页。

共产党九届八中全会通过了关于“新形势下的保卫社会主义越南战略”的决议。同年12月，越共中央政治局又通过了一个“南方战略计划”。2004年1月15日，越共中央办公厅编发了一份《越南在黄沙群岛和长沙群岛主权》的密级专题报告，提出了“巩固、维护及进一步扩大其在我南海主权的政策主张，”① 供中央领导干部进行学习掌握。

一、 保卫海洋的战略措施

保卫海洋经济权益、保卫海上主权完整始终是越南国家海洋战略中的一个十分重要的组成部分，是国家安全战略在海洋、海岛和沿海的具体体现，是国家综合力量建设和使用的目标、观点、内容和措施的统一。如本章第一节所述，海洋战略是一个综合战略，包括：海洋经济战略、海洋对外战略、保卫与发展海洋经济战略、发展科技与保护海洋环境战略等。海洋、海岛和沿海区是防御敌人发动海上进攻的主要区域。

2000年2月越南国防部军事战略院制订了《保卫与发展海洋战略》，报告在提及如何保卫与发展越南海洋时提到了多项主要措施和对策建议，笔者将此作如下归纳：第一，发挥国家综合实力，特别是发挥沿海地区各力量，充分运用平时预先准备的海上战场要素，集中建设海上、岛屿防御作战阵地，不断提高海上、岛屿防御力量的战备能力，将富国、昆仑、昏果、吉婆、姑苏等岛屿建设成为保卫越南海洋的重要海上基地；第二，努力维持现状，避免事态扩大，对争议海域、海岛，采取主动、温和、灵活的态度，避免冲突，但同时仍然要不断强化越南对海洋海岛的主权概念；第三，加大对保

① 参见张昌泰：《世纪之初的越南国防和军队建设》，军事谊文出版社，2004年版，第96页。

卫海洋的全面投入，逐步提高全民国防阵线和人民安全阵线的综合质量，提高武装力量尤其是沿海和海岛武装力量的质量，特别是要优先投资购买和发展一些海上现代化武器装备，如：各种警戒雷达、海岸导弹、舰载导弹、战斗轰炸机以及一些排水量大、航程远、续航时间长、装备现代的水面战斗舰只和一些轻型潜艇，建设日益强大的海军力量，使之成为保卫与发展海洋的核心力量；第四，积极作法理上的准备，同时加快培养海洋法律专业人员的步伐，积极准备相关文献资料，为提交国际法庭仲裁海洋争端作好一切准备；第五，在实施保卫与发展海洋的斗争中，要坚持政治、经济、外交、军事相结合的原则，坚持外交斗争为主，为赢得国际舆论的支持奠定基础。

根据越南军方所制订的一系列军事战略或提出的对策建议，越南保卫海洋战略的最主要举措其核心在于立足于海上的岛屿防御及在今后更牢固的海上防御体系的逐步形成，这在下一章有关“越南海洋战略的基本态势”中还将详细阐述。但这种防御并非被动意义的防御，而是越南军方所宣称的一种“积极的防御”。这也可以从越南国防部于2003年4月所制订的《越南2010年前的军事战略》中得到验证。《越南2010年前的军事战略》强调，从目前到2010年，由于“我海军力量的实际能力和发展海上人民战争阵势的能力有限，在敌人海空军强大的情况下无法实施海上作战行动。因此，我们未提及全面的海上作战，主要是对海岛防御作战的作战形式和类型进行研究”。[①]

在越军总参作战局于2003年3月作出的《国家从平时转入战时动员准备》的报告中涉及海上冲突时也提到：“在围绕海洋、海岛的主权问题上，本地区许多国家之间存在着争端，尤其是越南和中国

① 越南人民军：“关于至2010年前的军事战略”，载越南《人民军队报》2002年1月9日第2版。

之间。这是容易爆发武装冲突的热点问题。我们要在坚持与世界各国发展友好关系的基础上，保持高度警惕，主动做好各方面的准备工作（战场态势、作战士气、作战力量、物质基础等）。”[①] “积极防御”成为当今越军的主要军事战略，它也是越南保卫其海洋权益的主要指导思想。

二、 应对海上冲突的战术举措

根据越南国防部于2003年4月所制定的《越南2010年前的军事战略》中所涉及的海上冲突部分，文中强调“不论是发生争端还是冲突，都要依靠稳固的防御阵线，要以当地力量坚强斗争自我保卫为主，同时使用海军的机动力量配合默契和协助当地的力量，条件和时机成熟时实施战斗（战役）”。报告中还特别要求，从现在起（报告出台时间为2003年）就应该加大投资，巩固海岛、沿海防御体系的阵线和力量，尤其是在一些重点地区，要有足够的能力保卫自己。制定海岛、沿海防御力量与捕鱼海团自卫民兵、海上警察、岸舰导弹和海军机动力量协同作战的计划和方案。根据上述纲要，越南应对海上冲突的办法为：

（一）人民战争为基础

根据越南政府在《国家从平时转入战时动员准备》中所制订的计划及要求，当发生海上武装冲突时的作战样式必须以全面的人民战争为基础，当地主力部队（守岛部队、沿海部队）作战与海军机动主力、海岛县、沿海省县防御区域和捕鱼海团中的自卫民兵作战紧密结合。[②] 在海上战场，以海岛、沿海当地防御力量作战为主，坚守各岛屿和沿海海岸，为海军的作战打下扎实的基础。在战役和战

---

① 相关内容参见张昌泰：《世纪之初的越南国防和军队建设》，军事谊文出版社，2004年版。

② “我国从平时转入战时动员准备机制介绍”，载越南《人民军队报》2004年4月30日第1版。

斗规模上，以各战斗舰船力量群（旅团）、海军陆战队、岸舰导弹和火炮为主，在各场战斗和战役中形成综合力量，既消灭敌人又保存力量，为在海洋战场上打击敌人创造条件。

越南政府和军方认为，保卫岛屿和沿海的作战对海上作战的效果具有决定性的影响。因此要求从平时开始就要在发展海上岛屿经济的同时，全面准备，把海岛县和沿海建设成稳固的防御区，依靠当地人民群众，形成一个个各种力量的集结区，及时而有效地打击敌人。还要依靠岛上、沿海防御阵势，将岛上、沿海防御力量与海军机动力量密切配合起来，有效反击敌人的空中火力打击，并以最佳的形式和规模打击向岛上、沿海登陆之敌。

（二）以海军为核心

尽管越南军方在制定海上作战方案时认为，在海上冲突、海上战争上作战的力量包括岛屿、沿海防御力量、海上自卫队力量和海军力量，是一场以人民战争为基础的战争。但是同时特别强调，其中的核心则是海军力量。在《越南海军：保卫国家海上主权、海岛及大陆架的核心力量》[①] 一文中，特别提到了几下几点：

——组织经常性的政治学习，认真贯彻党的各项重大决议，尤其是越共九大八中全会决议及越共十大四中全会所作出的《至2020年（越南）海洋战略》等重要决议，普及《越南海洋法》。加强对海军官兵的政治教育，充分认清目前海上主权维护所面临的严峻形势，认清保卫海上主权斗争的复杂性，以确保海军官兵在复杂的环境下具有坚定、正确、积极的政治立场，在新形势下提高“胡伯伯的部队——海军战士”的意志品质，具有战胜一切困难、迎接一切挑战的勇气与信心。

积极配合地方政府展开舆论宣传工作，提高当地群众的海洋意

① 越南人民军：《越南海军：保卫国家海上主权、海岛及大陆架的核心力量》，越南国家政治经济出版社，2005年版，第79页。

识、主权意识。

——提高训练质量，提高作战能力和水平，正确掌握与运用党的“人民战争”的思想，注重与沿海驻军、陆上部队、当地政府、人民群众及其它力量的密切协同，形成全民国防、全民海防、全民安全阵式的综合实力，坚决保卫海洋、海岛、大陆架主权权益。

灵活运用各种作战形式和规模，采用海军特别精锐部队（特工、海军陆战队、海上自卫队等）实施小型冒险攻击，破坏敌人海上交通线和各种基地，阻击敌人的进攻，保卫各重要目标。

——按照“基本、务实、稳固”[①] 的指导原则和方针加强海上夜间训练、海上恶劣气候条件下的训练以及海上长时间训练，以提高部队海上实战能力和水平，提高各级指挥员们的指挥能力及部队使用各类战术武器的能力。

（三）军事、政治、外交相结合

坚持国防与外交相结合，即采用军事、政治与外交手段相结合的措施，寄希望于一边阻止、反击敌人，牢固保卫地盘；一边通过斗争协商，恢复和稳定越南周边的安全环境。同时制定政治和安全斗争计划与措施，维护国内稳定。强调奉行“多交友、少树敌”的和平、务实外交路线，主张通过和平协商解决争端，坚持与世界上所有国家特别是周边国家发展友好合作关系，为经济和国防建设创造安全稳定的外部环境。

（四）使海上争端国际化

越南政府高层判断认为，东盟共同体成立后，东盟国家在南海问题上对中国同一个态度的态势，将会导致中国在处理南海问题上面对的力量从一个个小国变成了一个较大的区域集团。这样，中越之间的领海争端有可能被纳入到东盟的多边框架中去，这在政治上造成不利于中国的态势。无论是在法理上，还是在现阶段的军事实

① 这是越南海军提出的口号，原文为“cơ bản，thiết thực，vững chắc”。

力上，越南都没有能力单独面对中国。于是，将南沙问题乃至南海诸岛问题完全国际化，便是越南在此问题上与中国抗衡或讨价还价的最佳策略，它也是越南的国家安全战略中的重要内容之一。

以上扼要概述了越南“海洋战略”中的主体内容，从理论的角度来看，其内容更侧重于宏观。有关越南“海洋战略”微观上的内容将在“基本态势”部分得到进一步的体现。

第五章　越南“海洋战略”的基本态势

对于越南“海洋战略”的基本态势，笔者将此分成三个部分来予以分别论述，即越南海洋战略到目前为止所取得的最新成果、越南政府与军方努力维护海上既得利益的一系列举动以及在此基础上海上立体防线的逐步形成。

第一节　海洋经济：半壁江山

自从推行“海洋战略”以来，越南的海洋经济得到了飞速的发展，尤其是在世界能源价格不断飞涨的几年中。可以说，正是海洋经济的异军突起极大地推动了越南的国民经济的发展，提升了其综合国力。以“半壁江山”来形容越南的海洋经济在整体国民经济中所扮演的角色丝毫不为过，甚至远不止“半壁江山”这一概念。

一、 油气领域

南海海域是蕴藏着大量油气资源的地区。早在2006年年底，南海周边的东南亚国家已经在南沙海域钻探了1000多口油气井，找到

了100多个油田和含油构造，150多个气田和含气构造，石油总产量达到了数百万桶，且仍在持续上升之中。其中的主要开采国为越南、马来西亚、文莱等。① 因此，近年来，沿海国家关于专属经济区和大陆架划界的争端实质上是海洋资源的争夺。而越南显然走在了所有国家的最前面。

1980年7月，自越南与苏联签订了在越南南方大陆架合作勘探开发石油和天然气资源的协定之后，越南在南海油气资源方面的开发开始大踏步前进。1986年6月26日，随着南海海域白虎油井中的第一批原油喷出，标志着越南由一个贫油国一举成为产油国，成为全球44个产油国之一；紧接着又变成了石油出口国。1992年5月，越南石油天然气总公司从重工业部中分离，直属政府总理领导，变成了一个具有直接出口权限的国家级的大集团，定名为Petrovietnam。② 1995年5月该集团又再度调整，提升等级，成为越南17个国家级大公司中的龙头老大，下辖石油研究院、勘探、开采、加工制造、贮存、运输以及出口及国际合作等部门和业务。

在南沙群岛西部地区，越南已经成功开发了三个油田，即白虎、大熊和龙，且正在不断向外拓展和延伸。仅这三个油田已查明的石油储量分别为2700万吨、5400—8100万吨和2100万吨。另一个大油田——青龙，与大熊相邻，估计储油量达到6800—20400万吨，此外还有数量巨大的天然气。其中，从白虎到让东一带海域，通过榕括天然气处理厂每年可提供大约20亿立方米的天然气，可每天向当地的电厂、氮肥厂等企业提供大约500万立方的天然气。在与国外公司的合作下，成功建成了南昆山输气管道，将天然气引入海岸，年最大功率达到70亿立方米。2003—2004年，这一输气管道向当地的富美电力中心提供了34亿立方米，而该地占向越南全国供电量的

① ［菲律宾］平实：“南海之争为的是资源”，载菲律宾《世界日报》2009年5月16日第5版。

② 沈静芳：“试论越南海洋经济的发展”，载《东南亚》1999年第4期。

40%左右。[①] 自从1987年越南的《越南外国投资法》颁布以来，越南国家石油天然气公司已经与50多家国际油气公司签署了37个生产分成合同（PSC）、一个商业合作合同和7个共同开发合同(JOC)。[②] 越南还在南沙海域划分出上百个油气招标区，在该地区进行国际招标，与各国合作开采石油与天然气。其中越南与俄罗斯合作成立的越俄油气公司仅2012年的营业总收入便达到了创记录的77.27万亿越盾，年增长14.4%。[③]

除了石油天然气，越南油气工业还在炼油技术方面迈出了相当大的步伐，创造了多项历史记录。位于北部、中部和南部三个地区的三家大型炼油厂已经陆续开工兴建，有的已经建成运营。其中，位于榕括的第一炼油厂是越南发现并开采石油以来的第一家大型炼油厂。榕括的第一炼油厂的总投资达到了13亿美元，年原油炼油量达到650万吨，能够提炼包括无铅汽油在内、煤油等的各类石油产品，该炼油厂已经于2009年底开始运营。在中部地区，位于清化省宜山的炼油联合加工区是一个集炼油、加工于一体的综合产业园区，投资额达到25亿美元，年生产量达到700万吨。[④] 经过多年的发展，越南海上油气已经形成了集群带，集中于海岸地区、沿海地区，如位于金瓯的气—电—氮加工，位于富美的氮加工处理、清化省清化市的炼油产业以及富美的PVC生产等，这些从无到有的产业正在或即将带动当地的经济发展。

从南海开采出的原油对越南的经济发展越来越重要。2004年一年中，越南出口原油的总价值为56.6亿美元，仅石油一项为国民经

---

① [越] 琼妆："发展石油天然气，首先要解决机制问题"，载《越南共产党电子报》2005年8月24日。

② 李金明："南海问题的最新动态与发展趋势"，载《东南亚研究》2010年第1期。

③ 古小松主编：《越南报告：2012—2013》，世界知识出版社，2013年版，第250页。

④ [越] 阮明定："油气—尖端产业"，载《越南共产党电子报》2004年9月24日。

济所带来的收入，就占当年国家预算的30%。[①] 至2005年底，越南出产的石油总产量累计突破了2亿吨，其中还不包括大约219亿立方的天然气，总收入达到了340亿美元，这是一个历史性的里程碑。现在，在白虎、大熊、让东、红玉、兰西等海上油田，平均每天能够出产5万吨原油及2000万立方米的天然气，占国家财政收入的25%，位居第一位。[②] 越南石油天然气总公司（简称“油气总公司”——Petrovietnam）在越南已经成为了一个众人眼中的“民族支柱产业”，被视为是越南经济迅速发展的发动机和助推剂。越南还将触角伸向了国外，而立足国内逐步向国外延伸是越南油气发展战略中的一个重要组成部分。目前，越南油气总公司与印度尼西亚签署了勘探协议，即Madura一期和二期；与马来西亚签署了MP304、SK305合作勘探协议；与阿尔及利亚签署了416B勘探协议。此外，还与伊拉克政府达成了在阿马拉开采石油的协议。[③] 统计显示，在2011年，越南海洋经济收入突破了100亿美元，而海洋和沿海经济占全国GDP的48%。[④]

在大力进行技术与物质方面建设与投入的同时，越南政府还着力打造培养了一大批石油管理人员。这些管理人员经过专门的深造、培训已经成为了越南石油天然气领域的顶尖人才和骨干，越南国内培训这一领域的专业院校也应运而生。因此，除了油气方面在经济上的巨大收益之外，经过近30年的发展，越南如今已经拥有的一支

---

① Ramses Amer anh Nguyen Hong Thao：“*The Management of Vietnam's Border Disputes：What Impact on Its Sovereignty anh Regional Integration?*”，*Contemporary Southeast Asia*，Vol. 27，No. 3 2005，p. 477.

② 转引自中国优秀硕士学位论文全文数据库：《越南海洋经济全面解析》（越南语版），作者：刘铁勋，2007年9月第27页，http：//epub. cnki. net/grid2008/detail. aspx? dbname = CMFD2007&filename = 2007153339. nh。

③ 转引自中国优秀硕士学位论文全文数据库：《越南海洋经济全面解析》（越南语版），作者：刘铁勋，2007年9月，第37页，http：//epub. cnki. net/grid2008/detail. aspx? dbname = CMFD2007&filename = 2007153339. nh。

④ 古小松主编：《越南报告：2012—2013》，世界知识出版社，2013年版，第245页。

高素质、高水平的技术干部、管理干部也是其油气领域发展的一大成就，是另一笔宝贵的财富。这支队伍未来必将在石油天然气领域发挥十分重要的作用。

二、渔业海产领域

越南的海产资源质量等级被评定为“优秀”和“丰富”，[①] 既有数量也有质量。拥有多种深海、浅海鱼类、贝类，仅各类鱼的品种就多达2000多种，其中具有较高经济价值的超过了1000种。如今在沿海岸地区已经形成了37万公顷的海水及淡海水的海面养殖，尤其是养殖着经济价值极高的一系列海产品，如虾、蟹、海蛰、海带等，其中仅养殖虾的面积便达到30万公顷。在下龙湾、拜子龙湾、文峰湾等港湾处则形成了80万公顷海产品养殖面积。全国海上总养殖面积超过了100万公顷，这是1999年时的三倍。15个大的海上渔场也已经形成，包括北部湾地区三个、中部海域五个、南部海域五个以及泰国湾二个。

在大力发展海洋经济的这几年中，越南的海洋渔业同样得到了快速的发展。近几年中，随着捕捞技术的提高和设备的更新换代，海产品出口量逐年增加。2002年出口创汇首次突破了20亿美元，随后逐年递增。现在，每年的渔业、海产品的总产量达到了200多万吨，且逐年超额完成任务，除了满足越南国内市场需求之外，还大量向国外出口。[②] 同时，海洋渔业的发展还带来了较高的社会效益，直接吸纳5万多人就业，另有10万多间接从事与渔业有关的工作和劳动，或为渔业产业服务，极大地改善了沿海地区农村的经济。2005年6月1日，越南政府出台的《关于鼓励海上、海岛大力发展

---

① 福建水产研究院:《国际渔业资讯》2004年第3期。

② 梁茂华:“越南水产业现状与望”，载《东南亚纵横》2004年第6期。

养殖业》的规定中明确指出：越南政府鼓励企业、各组织、个人投资海产养殖业以及与之相配套的基础设施、鼓励他们租用海面进行海上养殖。此外，还对国家银行对投资者提供优惠贷款作出了诸多旨在扶持的规定。

早在1997年，越南政府便批准了《发展远海海产捕捞计划》，此后越南中央和地方政府不断出台制定更加有利的政策对渔民进行扶持，同时投入大量资金发展、鼓励远洋捕捞[①]。这几年中，随着海上渔业捕捞设备与装备条件的极大改善，越南政府大力倡导并扶持深海渔业捕捞作业，鼓励渔民们前往深海捕捞作业，尤其是前往与其他国家有争议的海域进行捕捞。越南政府为此制订了《至2015年海产发展、捕捞计划及2020年前瞻》，[②] 意在瞄准深海地区的渔业资源。2013年，越南水产开发约达266.18万吨，其中海产开发247.45万吨。2013年，全年水产出口70亿美元。[③] 在出口市场方面，美国是越南最大的水产品市场。

2006年6月底，在中部港口岘港地区视察时，时任越共中央总书记农德孟指出：“必须制订出一套组织渔民们前往深海捕捞作业的最佳方案，改造、提升与海岸、海岛联络的装备、设备等硬件条件，提高并改善天气预报准确度，组织最佳海上救援行动、完善救护措施等，以便更好地服务于深海海域的海产作业，将人员、财产损失降至最低。”[④] 作为党的最高领导人，作出如此详细而直接的指示，这是越南党、政府和国家最高领导人高度重视其海洋经济的一个缩影。在2014年中越海上对峙事件发生之后，越南加大了对其渔民的扶持力度，鼓励并奖励他们到中越争议海域捕捞作业，提升了渔民

---

① 古小松主编：《越南报告：2012—2013》，世界知识出版社，2013年版，第252页。

② ［越］黎璜：“对至2015年开发各类海产规划的解答”，载越南《共产主义杂志》2005年第6期。

③ 古小松主编：《越南报告：2013—2014》，世界知识出版社，2014年版，第248—249页。

④ “农德孟总书记视察岘港”：载越南《人民报》，2006年6月20日，第1版。

们的积极性。

海产加工业也得到了迅猛发展。到2008年底为止，越南共有390家海产加工企业，其中至少有超过60%的企业达到了国际标准，并拥有出口权限，直接为国家赚取外汇。为确保渔业资源与产业的可持续发展，越南在保护渔业资源、防止渔业区污染立法方面也迈出了大步伐，先后颁布了捕捞许可证制度、海上渔业作业检查制度、与其他国家渔民海上作业冲突处理机制以及海上安全制度等。

2011年9月15日由政府牵头开始组建渔民海上生产渔业团或海产开发团，至2013年6月，越南沿海12个省市共有36个渔业团，计渔民6000人，渔船5746艘/只。[①] 集团化的海上捕捞作业，大大降低了风险，尤其是因主权之争而导致的风险。

三、 海港及运输

南海是连接太平洋与印度洋、沟通亚洲与中近东，是中国、日本等区域大国通往世界，与世界交流、贸易的战略要冲，也是世界上最繁忙的水运线之一。平均每天有大约250—300艘各类船只通过南海，其中有大约15%—20%是3万吨以上的大型货轮。而日本、韩国更是视南海为其重要的交通生命线。对日本而言，超过70%的进口原油和45%以上的出口货物必须要通过南海。[②] 以东盟成员国新加坡为例，尽管新加坡的国土面积很小，但由于依靠大海，拥有大型港口及发达的海上运输线，新加坡很早就成为了一个经济发展迅猛的国家，是亚洲地区的“小龙”之一。如今，新加坡正在成为越南效仿的榜样。

越南的海岸特点为深而直，十分便于船只的停靠，港口与港口

① 古小松主编：《越南报告：2013—2014》，世界知识出版社，2014年版，第248—249页。

② ［日］大田森一：“南中国海对日本的影响”，载日本《产经新闻》2009年2月20日第8版。

之间相距不远，港口与陆上交通浑然一体，交通及运输极为便利。如今，一批具有国家规模的海上运输企业已经完成改制，其中的骨干企业是越南航海总公司，缩写为VINALINES，几乎承担了全国一半的海上运量。在该公司的运输业务量中有超过50%是为外国公司承运的，且数量与质量均在稳步提高。近年来，越南的海港规模也在不断扩大，在1995年底全国只有大约70个港口，且设施落后，而如今已经建设成一个包括近100个大小港口在内的海港系统，由北向南呈线状分布，码头桥的总长度累计达到了近3万公里。[①] 此外，还建成了10多个专门装卸作业区，供大型货轮的集中装卸。过港货物逐年增加。1991年为1790万吨，1995年为5200万吨，1999年达到了6300万吨，而到2002年的年底则首次突破了1亿吨，年增幅达到了17.9%。[②] 越南海上交通运输部门重新调整了各港口存贮规模的规划，在过去10年中，陆续升级、改造、扩大了部分港口码头，如海防港、岘港、归仁港、西贡港、苴芹港等，码头装卸也逐步实现了现代化。越南不仅能够全部承当国内海上货运物资，而且还承当了老挝等内陆国家的物资中转。统计显示，越南全国大约有80%的进出口物资通过海上运输。海上运输对越南经济产生了重大的影响力，对越南融入地区及世界经济起到了积极的推动作用。分布在越南28个沿海省市的一系列港口群正在成为越南乃至印支半岛走出国门、走向世界的重要门户和桥头堡。

随着运输需求的快速上升，越南的造船业、修船业也得到了迅猛的发展，并正逐步实现现代化。一些专业造船厂、修船厂基地已经形成，能够修理大型船只，并且达到了国际标准。其中越南航运工业总公司与韩国现代联营的修船厂已经开始运营，可修理5—40万吨的大船。2006年7月4日，越南航运工业总公司与油气总公司

---

① ［越］陈氏兰：“论我国的海上运输”，载越南《交通运输杂志》2010年第7期。

② ［越］农海富：“越南的造船业的新成就与新挑战”，载越南《经济杂志》2010年第6期。

签订合约，前者为后者建造三艘载重量为10.5万吨原油的油轮。当天，越南总理阮晋勇出现了签字仪式。阮晋勇在讲话中强调，这一步骤对越南人民来说具有重大意义。[①] 根据越南媒体的介绍，这是一种带夹层的双底油轮，装备着世界上最先进的航海设施，每艘造价在6000—6500万美元之间。在2009年底之前，这三艘油轮已经全部交付，正好开始服务位于南方刚刚建成使用的榕括炼油厂。除了国内市场，该公司还承接了来自亚洲地区、拉美地区的造船订单。越南政府提出的口号是：越南本国的造船业必须能够100%满足国内原油运输需求，并且至少能够满足出口原油船运需求的30%。2010年11月18日，越南政府总理阮晋勇签署了关于越南造船工业集团重组提案的2108/QĐ-TTg号决定，主张全面重组越南造船工业集团（Vinashin），以发挥其对越南造船工业产业——航海经济发展支柱行业的核心作用，更好地落实《至2020年海洋战略》。[②] 越南的造船工业集团重组着重于符合市场需求的船舶制造与修理、服务于船舶制造和修理的配套工业，以及提高从业人员能力素质等三大功能，从而进一步做大做强。越南造船工业集团重组之后将成为在上述三个方面结合于一体运行的大型国家级企业。越南造船工业集团包括按照国家现行法律规定执行的母公司、分公司、联营公司、事业单位等。其中母公司是由国家百分之百控股的有限责任公司；三个分公司分别是坡容船业、白藤造船工业总公司及南赵造船工业总公司，下属12个分公司；联营公司为塞江-维纳新（Sejin-Vinashin）有限责任公司和松山-维纳新（Songsan- Vinashin）有限责任公司，以及韩国与越南合作的现代-维纳新（Huyndai Vinashin）船舶制造修理厂；两个事业单位分别是航海科技院和维纳新职业学院。[③] 这一决定意味着越南政府决心打造一个符合时代发展要求，同时符合国际标

① “总理阮晋勇见证了又一重大事件”，越南《人民报》2007年7月5日第1版。

② 越南共产党电子报网站，2010年11月19日。

③ ［越］农海富：“越南的造船业的新成就与新挑战”，载越南《经济杂志》2010年第6期。

准的造船业产业链，以为其海洋战略服务。

可以说，正是依赖日益发达的港口及港口运输系统，越南的两大沿海工业中心得以迅速形成，即以西贡港为龙头的南部重点工业区和以海防港为中心的北部沿海工业区。同时，重组之后的造船业及其配套产业将为越南海洋运输业的发展提供重要的保障，并逐步走向本地区其他国家和世界各国。如今，已经逐步建立起来的这一优势已经对越南农产品、海产品出口发挥了重要作用。

四、 涉海旅游

越南共产党九大上所通过的决议中对于旅游发展问题，特别提到“要大力发展涉海旅游，使其变成国内一个尖端经济领域；在挖掘现有的人文景观、海上自然景观的基础上，提高涉海旅游的质量，推动文化旅游、历史旅游，满足国内外游客的需要。提高服务质量”。[①] 这几年中，越南将海上观光旅游与海上宣示主权的目的结合在一起，大肆推动海上旅游，尤其是在我南沙群岛上的登岛观光旅游活动。

2010 年 7 月，越南旅游部门在首都河内隆重举行了越南旅游业成立 50 周年庆典（1960 年 7 月 9 日—2010 年 7 月 9 日），在会上特别列举了海上旅游的巨大成就。越南的海上旅游具有十分明显的优势。由于越南拥有 3260 公里长的海岸线，以及大小 4000 多个岛屿，并在海岸线上集中了 950 多处历史文化遗产，其海上自然景观和自然奇观吸引了无数外国游客，其中最著名的越南下龙湾有中国的“海上桂林”之称，曾两度被评为联合国自然文化遗产。越南的海岸特点可概括为：海水清辙，风浪平稳，没有污染，没有鲨鱼。根据

---

① 越南共产党：《第九届全国代表大会文件》，越南国家政治出版社，2001 年版，第 102—103 页。

越南旅游部门统计，在越南所拥有的125个适合于旅游的海滩中，目前已经有8—10个已经达到了或接近于国际级规模和标准，其中，下龙—吉婆、顺化—岘港、文峰—大领—芽庄、头顿—龙海—昆岛、河仙—富国已经成为了旅游的黄金海岸。

统计显示，近年中越的海岸旅游线每年能够吸引前往越南旅游的大约75%的外国游客，平均每年的增长幅度为12.6%左右。过去几年来，前往越南的境外游客人数呈逐年快速上升的趋势。1997年，越南海岸旅游人数达到210万，到2000年便超过了400万。2008年突破了700万人次，仅广宁—海防和顺化—岘港每年增长41%。随着经济条件的改善，越南国内旅客的人数也迅速激增，如今在海岸景点的游客中，越南本国游客占50%左右。①

第二节　海上主权：最大化宣示

为了持续有效地推行其海洋战略，使攫取的海洋经济利益不断增加、扩大，越南“海洋战略”在实施过程中的另一大态势就是不断宣示海上主权，妄图将广阔的争议海域全部据为己有，并企图在国民中形成根深蒂固的印象：南海（越南称之为“东海”）归属越南——这是一个不可逆转的“事实”。2014年5月初发生的中越海上对峙更让越南意识到了海上主权宣示的迫切性与重要性。一方面，越南政府宣传部门开动所有的宣传机器以制作、播放纪录片的形式宣扬海洋对越南的重要性，领导人亲自出马参与各种与海洋宣传有关的活动；同时在全国范围内组织“我爱越南海岛”知识竞赛、在所有的学校普遍增设越南海洋与海岛知识课程、兴建南沙群岛、西

① ［越］阮氏红梅：《十年越南旅游业回顾》，越南事实出版社，2009年版，第70页。

沙群岛历史博物馆等一系列的活动，全面强化全民的海洋意识；另一方面，则以种种举措来刻意增强本国国民对南海的主权意识，如在南海岛屿组织选举、政府官员上岛慰问以及组织向海岛大规模移民等。

一、海洋意识：深入人心

近年来，越南政府动用了一切政府舆论和宣传工具，广泛宣传海洋以及海洋资源对越南民族生存与发展的重要性、海洋对越南国家安全的重要性，以及主权对国家生存的重要性，取得了令越南政府感到满意的结果。海洋意识正不断深入人心。越南在强化国民海洋意识的宣传教育中，最为注重的就是对倚仗和利用海洋改变国家命运的宣传。其中，最突出的例子正是越南从20世纪由一个石油进口国到21世纪之初完全变成为一个石油出口国的巨大转变。国家媒体对海洋知识的宣传连篇累牍，对驻岛官兵的正面报道每天都有，尤其是在重大节日之前，慰问、感恩活动层出不穷。从2008年开始，越南政府每年要为南沙群岛上的驻岛居民提供1100亿越南盾（折合人民币4400万元）的财政补贴，帮助当地发展基础设施。[①] 而在2014年5月发生的中越海上对峙事件之后，越南政府大幅度提高了对前往争议海域捕捞作业的渔民们的财政补贴标准，在提升了渔民们的积极性的同时也提升了他们的海洋意识以及所谓的主权意识。不可否认的是，越南的海洋经济在过去20年中上了一个大台阶，极大地促进了越南经济的发展，这为确保海洋意识宣传能够取得良好的效果提供了重要的事实依据。目前在南海海域的越占岛屿中，每户居民（3—4人）平均月收入达到了562.5万越南盾（折合人民币

① “越南打造海上软实力”，《东方早报》2009年6月3日第4版。

大约4000元），比越南沿海省份以农业为主的家庭收入高出不少。[①]越南政府还定期举行优抚海战烈士亲属、优待驻岛军民、举行捐款活动支持岛礁建设等活动，这使越南的海洋意识宣传与海洋知识教育能够始终深入人心，并与政府的宣传形成良好的互动，人们对海洋意识宣传的参与性不断高涨，并总能积极响应政府发出的号召，如积极参与海洋开发、向附近海岛移民、在后勤补给上大力支持守岛官兵等。

在长期的海洋意识宣传中，越南官方和媒体还毫不掩饰对利用海洋攫取了大片殖民地的殖民者的仰慕，这其中包括古老的殖民者腓尼基人和葡萄牙、西班牙、荷兰、英国、法国等近现代殖民主义。在越南七年级的地理教科书补充读物的后记中有编者这样一段描述："法国（殖民主义）在侵略越南时很早就注意到越南海洋权益的主张与申诉，维护了越南海上主权的神圣性，为我们在今天所展开的海洋活动奠定了一定的基础"，文中还称"西方国家很早对海洋的重视和利用正是值得我们借鉴之处"。[②]借鉴着西方殖民主义的成功做法，如今越南毫不隐讳"东进，扩展东海（即我南海）领土"的雄心，以及今后把权益继续延伸到大洋的打算。与之相对应的还有越南全民国防、全民海防教育和开发海洋教育等一系列旨在强化全民海洋意识的活动，每年的"海洋与海岛日"、"海军日"、"全民国防日"等与海洋意识教育宣传有关的活动都在全国各地搞得轰轰烈烈，海洋意识沁人心脾、深入人心。回顾20年越南蚕食南沙群岛的过程，我们不能小视越南宣传动员全民关注海洋所产生的巨大作用。正是越南渔民和船民的积极参与和配合，才使越南军队在当时极为困难的条件下，完成了对我南沙群岛20多个岛、礁、滩的一一占领，并获取了大量的既得利益。

---

① ［越］阮善志："移居海岛，生活改善"，载越南《人民报》2010年3月5日第5版。

② 越南教科书《地理》系列补充读物（七年级用），越南教育出版社，2007年版。

在越南全国64个省市中有接近一半，即有20多个省市毗邻海洋，面向大海。多年来，越南政府所采取的扶持海岛经济的政策使沿海居民已经自认为自身与海洋安全已经融为一体，与大海及海岛形成了一种不可分割的联系。以中南部地区的庆和省甘林县甘城乡新富村为例，当地离南沙群岛大约300海里，每户人家都有一人在驻岛部队服役，30%的家庭都有一名以上的直系亲人在越占岛礁上执行各种任务。[①] 因此，越南自上而下、多种形式的海洋意识教育在越南具有很强的生命力，并已经产生了良好的效果。

二、 主权概念：舍我其谁

为了强化对我南沙群岛和西沙群岛拥有主权的谬论，从而欺骗国际舆论，并企图造成既成事实，越南政府可谓做足了文章，从任命驻岛民事官员、推进海上岛屿旅游、大规模组织移民到改善所占岛屿生活设施等多个方面来不断强化针对南海主权的概念，以达到舍我其谁的目的。

自从2001年2月越南在南沙中央的天奴暗礁启用了第一座灯塔之后，越南政府和军方近年来在其所占领的南沙岛礁上大规模地进行基础设施建设，不惜重金投入，包括修建岛上防波堤、交通壕等基础设施建设，修建信号塔，使其成为渔业维修基地及后勤保障基地等，宣称为了开发当地的经济资源，为过往越南船只进行导航。2006年起，越军在南沙抢建卫星通讯和移动电话网，并进一步完善各岛礁的补给等基础设施建设。当中国舰只进入附近海域时，还不时能够听到“欢迎来越南长沙群岛旅游”的中文广播，以彰显其主权。2007年，越南军政部门派出多个高级代表团赴南沙其所侵占的岛礁慰问，视察军、民用设施建设情况，其人员规模、持续时间均

---

① “沿海居民正成为驻岛官兵的大后方”，越南《人民军队报》2010年2月7日第1版。

超过历年。2010 年 4 月 2 日，时任越南国家主席的阮明哲在两艘越南海军舰艇的护卫下高调视察了位于越南和中国海南之间的白龙尾岛。阮明哲说："我们不会让别人侵犯我们的领土、领海和岛屿。我们不会对任何人作出一寸土地的让步。"[①] 这种公开宣示主权的举动在近年来达到了登峰造极的地步。

2008 年，在政府的大力投入下，越南所占领的第一大岛南威岛（越军称为"长沙大岛"）以及海上地理位置非常重要的双子西岛等岛屿实现了 24 小时不间断供电，且电力供应已经能够满足岛上大功率无线电监听站运行的需要。澳大利亚国防力量研究院越南军事问题专家卡尔·塞耶认为，对中国而言，越占岛屿上供电问题的解决，比越南从国外进口先进武器更具威胁。因为从此之后，越占各岛上军民的生活将从"军事化"变为"常态化"，岛上居民能够通过电视、广播、移动电话与外界保持联系、执行上级的批示和命令，这意味着岛上的军民能够长期坚守下去。[②] 越南政府此举就是企图将所霸占的南海诸岛变成一种"使中国无可扭转的既成事实"。

在所占岛屿，越南政府还不惜巨资投入，重点改善岛上居民的日常生活、提高驻岛官兵和岛上居民们的生活质量。据越南《新河内报》报道，自从越南政府于 1982 年批准成立"长沙县"、对南沙越占岛屿"正常管辖"以来，从中央到地方，各部委、各级部门都对"长沙县"的建设采取无条件支持的政策，为扩大岛上人口规模，改善驻岛军民生活，还做到了几个免费：孩子入托、上学免费，医疗免费，居民使用手机免费，用水用电免费。[③] 再以白龙尾岛为例，经过 10 年的建设和发展，白龙尾岛的基础设施得到了非常大的改善，2009 年岛上人均收入达到了 1360 万越南盾（约相当于 9000 元

① 越南国家主席登岛宣示主权，《环球时报》2010 年 4 月 4 日第 2 版。

② 田剑威："越南高调加强对南海诸岛控制"，载香港《凤凰周刊》2010 年第 4 期第 66 页。

③ Báo Hà Nội Mới: *Điều Kiện ưu đãi của Dân Cư trên Biển*（越南《新河内报》："海上居民的生活"，2009 年 6 月 8 日第 4 版）。

人民币），远远高于越南国内的平均收入水平，成为了当地沿海地区许多人向往的地方。岛上的“县政府”还被中央政府评为“将社会经济发展与国防安全紧密联系的典范县。”① 越南政府尽一切可能和条件将白龙尾岛建设成为了一个“现代富裕的岛县”，形成“以民助军，自持自养”的可持续经营局面。它成为越南政府在霸占南海岛屿之后为凸显主权概念而在岛上所进行的“系统工程”的一个缩影。

在岛上改善生活的同时，在岛外则发起海岛游，强化越南的海岛主权概念和意识。2004 年上半初开始，越南旅游部门首次开辟了赴南沙南威、西礁两地的旅游线路。2008 年底，越南又在南沙群岛的长沙岛修扩建了机场，这是越南国家旅游局以旅游用途名义对此进行的修整。如今，隶属越南政府的国家旅游总局以及军方、警方联合行动，全面开辟了被其所占领的我南沙和西沙部分岛礁的登岛旅游活动，并在现在的双休周末、节假日等时间常年举行。同时还组织与岛上驻军的联欢等一系列军民互动活动。越南媒体对上述行动大肆宣传报道，以不断强化越南国民对我南沙和西沙群岛的主权意识。

2009 年春季，我国宣布在南海实行季节性捕捞限制，以保护那里的渔业资源，但却遭到了越南的抗议。这已经是中国政府第 11 次实行南海伏季休渔，而越南过去从未对中国休渔做法提出过异议，这次高调反对中国休渔意味深长，凸显了其在强化南海主权的努力中比过去迈出的步子更加大胆。越南外交部副部长胡春山在召见中国驻越大使时强调说，中国的做法影响了越南渔民在越南传统水域捕鱼的正常活动。他还威胁说，中国的活动引发了越南公众不满，不利于越南和中国之间的传统友好关系。他要求中国方面克制，不要阻止越南渔民在越南自己的水域捕鱼作业。2011 年 2 月 24 日，中

① 田剑威：“越南高调加强对南海诸岛控制”，载《凤凰周刊》2010 年第 4 期。

国海军护航舰队在南沙群岛举行了反海盗演习后，越南立即向中国提出抗议。越南外交部发布声明说："越方明确表明，中国在长沙群岛（即我南沙群岛）演习已经侵犯越南主权。"声明指出，越南官员促请中国"自制，以免使局势进一步复杂化"。[①]

不仅如此，越南还鼓动其渔民前往西沙我海域捕鱼，而一旦被我渔政人员、海上巡逻人员扣押，则立即大张旗鼓地发出照会、声明等，要求中方立即放人，以此来不断强化其主权概念，同时取悦其国内的民族主义情绪。2009 年 7 月 22 日，在越南渔民非法进入我海域捕鱼并被暂扣之后，越南农业部水产开发局局长周进荣致函我国农业部渔业局长李建华，要求中方无条件放人，并敦促中方遵守中越之间所签署的一系列海上合作条约与文件。越南外交部还为此召见我驻越南外交官员，对此提出交涉。[②] 2011 年 3 月 3 日，当中国海南省公布了《海南省经济社会发展纲要》第十二个五年计划时，越南政府立即作出反应，越南外交部发言人阮芳娥声称纲要中"提到了加强开发越南的长沙群岛（即我南沙群岛）和黄沙群岛（即我西沙群岛），在黄沙开发旅游，并将其建设渔业后勤基地等"，这一行为已经"严重侵犯了越南的主权，与两国领导人所达成的有关维持稳定与和平的共识背道而驰"，她还同时要求中方取消这一《纲要》中侵犯越南主权的内容。[③] 对于中国政府于 2012 年设立三沙市的做法，在越南外交部抗议的同时，越南国内也掀起了多轮反华示威浪潮。显然，越南的上述种种做法充分表明，越南在标榜维护中越关系大局的同时，一方面要求中国单方面不采取任何可能激化矛盾的行动，以"维持现状"，捆住中国的手脚；另一方面，越南自身

---

① "中国南沙军演，越南提出抗议"，法新社河内 2011 年 3 月 4 日电。

② *Việt Nam Lên Án Trung Quốc Bắt Giữ Thuyền Cá Việt Nam*，（"越南抗议中国扣押越南渔船"，越南新闻网 2009 年 7 月 3 日，vnexpress. net /GL/Xa-hoi/2009/07/3BA118CA）。

③ "越南外交部发言人抗议中国侵犯我长沙黄沙主权"，越南《人民报》2011 年 3 月 5 日第 1 版。

却在加强其单方面的行动，不断捞取实惠。①

越南政府采取的旨在改善南沙群岛上居民的居住条件和生活条件的举措吸引了沿海居民不断向岛上移民，使其成为实际的占领者。向岛上移民一直是统一之后越南政府既为了强化海上主权，同时也与开发海洋渔业并举的发展方向，以此来巩固实际占有的既成事实。这一切实际上都是越南政府刻意渲染对我南海拥有主权且完全排他性的做法。越南还利用每年的“海洋日”在青少年、中小学生中组织海洋知识竞赛、海洋主题歌咏赛、美丽海洋摄影赛等，在下一代中强化其对南沙和西沙的主权概念②，培养一代又一代民族主义者。

三、法理建设：违反法理

为了把西沙、南沙群岛永久纳入越南的地理版图，越南政府做了大量违反法理的所谓法理工作。比如于2012年6月出台的《越南海洋法》和其它相关海上法律，企图以此为法律依据，保卫海洋权益，将我国南沙、西沙以立法的形式单方面占为已有，当即便遭到了我外交部、全国人大外事委员会等政府机构的强烈抗议。

如在本书第一章中所论述，越南为了达到长期霸占南海诸岛的目的，还拼凑了一些有关越南黄沙、长沙的所谓“历史资料”，把我国的西沙、南沙分别说成是“黄沙”和“长沙”，然后“论证”他们所谓的“历史主权”，并且鼓动一些学者、文人对此反复论说，将此屡屡见诸媒体。在越南，政府控制下的媒体极为重视对边界、海洋及岛屿的所谓“主权”宣传报道工作，每年的年初各大媒体都要制订出针对这些内容的报道方案。③

在外交上，越南外交部则以偷梁换柱、张冠李戴的手法歪曲史

① 吴士存：《南海争端的起源与发展》，中国经济出版社，2010年版，第93页。
② 古小松主编：《越南报告：2013—2014》，世界知识出版社，2014年版，第254页。
③ 利国：“实施逐步试探借机蚕食策略”，载《环球时报》2006年5月10日第2版。

实，屡屡强调“黄沙群岛”、“长沙群岛”为越南固有领土。他们的具体做法包括三个方面：一是歪曲史料记载的原意；二是混淆地图上的同名异地；三是钻了同一地名所指的地点、范围可随时间变化的空子。越南《青年报》还在2009年4月25日的评论中称，黄沙群岛（即我西沙群岛）从18世纪之初的阮朝时就属于越南。[①] 越南政府还于2009年9月在越南中部的广义省李山县岛建造完成一个保存西沙，同时保管南沙历史遗迹区的大型项目，以强化其对我南沙和西沙的永久主权概念。

越南还通过设立行政编制的做法，企图将我南沙和西沙的主权归属在法律上合法化。2007年以来，又调整了“长沙县”（即我南沙群岛）的行政区划，在其侵占岛礁组织“国会代表”选举，并在我毕生礁上修建所谓“烈士纪念碑”。2009年4月，又任命了所谓的“黄沙岛县”人民委员会主席（相当于县长），引发我国外交部的强烈抗议，我外交部强调，越南任命所谓“黄沙岛县”人民委员会主席的做法是“非法和无效的”。越方企图利用这些手段，突出民事化控制，促使国际社会承认越南拥有侵占我南沙群岛中诸岛礁的“主权”。

四、 海洋勘测：层层推进

在强化国民海洋意识，加强对南海主权宣传的同时，越南还加紧搜集南海大陆架地质资料，进行海上勘测，甚至不惜为此与我发生海上对峙。2007年4月，越南租用俄罗斯的“波利什科夫院士”号勘测船，在越南5艘武装船只的护卫下，在北至西沙、中沙南部，南至万安礁，东至越领海基线350海里范围内实施了一次拉网式的海洋地质调查，搜集到了重要的海上数据。此举为越南在2009年5

① “长沙、黄沙群岛主权无可辩驳”，越南《青年报》2009年4月25日第1版。

月间向联合国提交“划界案”奠定了基础。

在中国海监部门对越方的非法勘测实施了监管和驱离行动之后，越方随即便作出了报复举动。2007 年 4 月底，越南海军在西沙以西、北部湾以南海域，以监视、拦阻、驱赶我正常作业的“奋斗四号”勘察船。同年 6 月，越南出动 30 余艘武装船只对中国中石油集团在西沙海域实施海洋工程调查的作业船进行围堵和阻截，致使双方一度发生了严重的海上对峙。

在此之后，在越南海军的支持下，越南外交部、越南自然资源和环境部、科学技术部、海洋地质与地球物理研究院等机构协同与配合，先后两次进行并完成了与“划界案”相关的地图、数据、表格附录及资料库的建设工作。而越南海军水道测量和地图绘制部也直接参与了这些测量活动。[①] 越南之所以要在与我争执海域进行海上勘测、搜集数据，并不惜与我海上对峙，除了“划界案”所需之外，事实上还掩藏着一个新的企图，即企图在与中国的南海诸岛争执中拿出大量数据来说话——以证明它属于越南。2011 年 5 月底越南的测量船又与我海监船进行了对峙，并发生了“电缆切割事件”。由此可见，围绕这一目的，在政府的主导下，越南的海洋勘测工作仍将持续进行下去。

第三节　海上立体防御体系：初步建构

在广泛发动舆论工具宣称南沙、西沙为其领土的同时，越南还在一些岛礁积极打造一种立体模式的防御体系，按照所占岛礁的地

① 海韬、詹德斌：“中国周边国家‘海洋圈地’调查”，载《国际先驱导报》2009 年 5 月 18 日第 8 版。

势、地貌和面积，按照现代化海上实战的要求，建立并完善了岛屿的火炮阵地、坦克掩体、作战工事、炮楼和简易机场，并形成了南北呼应、东西兼顾的防卫岛链；为适应未来在南沙作战的需要，越南还重点建设隶属国防部的海上警察部队，加强海上特工建设，构建水下（潜艇阻击）、水面（岛屿火力）以及空中（巡逻监控）三位一体式的立体防御模式。越南海军还立足岛礁，每年组织以南沙为背景防止岛屿遭到反抢的军事演习，以检验部队对南海岛礁的控制与作战能力，同时探索未来在南沙海域可能爆发的冲突模式。

一、 打造了强势海军， 提升了空军

随着南海争端的加剧，越南政府愈加认为，越南人民军海军是未来保卫越南海洋、海岛和发展海洋经济的核心力量，必须根据这一重要的政治任务而进行重点建设。越南认为，在未来，面临的外来威胁主要来自于海上，因此必须大力巩固和提高海军的地位。在21世纪初，越南便提出了“陆缩海进”（又称“陆守海进”[①]）的战略方针，在大量压缩陆军规模的同时，扩大海军编制，加强海上力量建设，提高海上综合实力，通过“向海洋要纵深”的努力确保在新形势下能够适应“守得住、拖得起、耗得了”的海上冲突特点。早在世纪之交，越军便制定了至2010年的装备发展战略，将军购专项资金提高了三倍，其中重点仍放在海军的力量与装备建设上。越南从俄罗斯购买的六艘“基洛”级潜艇已经于2014年开始陆续列装，计划于2017年之前全部列装完成。这6艘潜艇分别被命名为“河内”号、“胡志明”号、“海防”号、“庆和”号、“岘港”号和“巴地头顿”号，全部用举足轻重的越南战略要地来命名，足可见越南海军对这支潜艇部队所寄予的厚望。2013—2017年的四年间，越

① 陈继章：《越南研究》，军事谊文出版社，2003年版，第217页。

南还将投入25亿美元购买俄制先进武器①。

目前，越南海军已经拥有了以下武器装备、作训水平及作战能力：水面作战舰只、小型潜艇、海岸保障基地、海岸导弹、海军特工、海军陆战队和海军航空兵，能够实施海上偷袭、快速登陆、防反抢等。越南海军确定的目标为：精锐、突击力强、威力大、精度高、生存力强和远程实时侦察能力强，并已经初步形成了一定的远海和立体作战力量能力。越南军方预言，越南海军装备的更新换代有望最终在2020年底之前顺利完成。如果能够达到这一要求，那么，越南海军的远洋护航能力和海上作战能力，将得到较大提升。由于在东盟国家中的整体实力并不属于一流，越南大规模发展海军还有着以海军为先锋不断向海洋拓展，借以提高国家整体实力，从而成为21世纪东盟中乃至亚洲地区一个海军强国的多重意图。

作为水面、水下以及空中立体防御体系中的重要组成部分，越南军方也加强了防空空军的雷达网系统，以监控领海和海上领空，在沿海各重要目标部署了防空火力系统；一支高质量的空军力量（包括歼击机、战斗轰炸机、强击机等）已经形成，其中包括苏－27SK、苏－30MK2V战机，以保卫远离本土的岛屿，特别是保卫南沙群岛。至2015年，越南购买的总数72架“苏－30”战机装备了三个飞行团，已经形成了具有威慑力的空中火力网。

二、海上“全民国防”形成

越南自认为自己的海域广阔，岛屿众多，所以必须建设一种海上“全民国防”机制，形成由渔民、岛民、沿海与沿岸地区共同参与的海上综合防御能力与实力。在越南，“全民国防”正是越南引以为荣的一种全民御敌战术，它在越南的抗法、抗美战争中发挥了空

① 古小松主编：《越南报告：2012—2013》，世界知识出版社，2013年版，第240页。

前的历史作用。越南军方认为，为了使海军能够完成本身所承担的艰巨任务，并加快海军建设步伐，必须整合其他社会资源，形成一种巨大的综合性合力，从而打造出一种海上的“全民国防。”为此，越南政府采取了“两条腿走路”的方针。首先，为了解决海军兵力不足，但又要完成抢占南沙群岛和海上防卫任务的问题，越南在20世纪70年代末就着手建立了部分海上渔民武装组织或半武装组织，即如今的海上民兵自卫队。为了使民兵自卫队逐步正规化，1990年越南颁布了《海上民兵自卫队条例》。海上民兵自卫队的建立极具战略意义，它不仅弥补了越南海军力量不足的缺陷，其亦兵亦民的特点也为抢占南沙群岛、守护海岛提供了绝佳的便利条件，同时还大大增强了越南民间的海洋意识；其次，在国营企业被兼并、合并和私有化，国家财政困难的情况下，越南政府大力支持军队办企业、办公司、办银行。国家对军队企业大量投资，军队企业除向政府上缴利税外利润全部用于军队建设或改善官兵待遇，以弥补军费的不足，由此来提高部队的战斗力。

1998年越南第十届国会第二次会议审议通过成立海上警察部队的决议。这支部队隶属越南国防部，对外称为“海上警察局”，最高指挥官为海上警察局长，驻地设在港口城市海防，在河内和胡志明市分别设有常设机构和办事处。由越南国防部对海上警察部队实施直接组织、管理和指挥（现已变更为“海警司令部”，见本书第七章第一节）。2008年3月1日，经过近10年的试运行，从海军中独立出来的海上警察部队（VMP）正式挂牌成立，外界也称之为“越南的海岸警备队。”其公开的任务是海上巡逻、拦截海盗、打击非法走私，但其真正目的是为本国渔船前往中国专属经济区捕鱼提供保护，以此来表明越南对这些海域拥有“主权”。从成立之初开始，海上警察部队便从海军中获得了大量的短程巡逻艇，进口了拖网船以及装备有SS－6000系统的大型巡逻艇和C－212海上运输机，战斗力不断得到提升。海上警察部队还获得了波兰生产提供的10架M28

巡逻机。自签订了这一购买协议之后，波兰教官曾分批来到河内，在河内郊区的白梅机场指导越南飞行员进行秘密训练。[①] 这些飞机装有波兰 PIT 公司最新研制的 MSC－400 海上监视系统，可有效提高越南海事警察对南海纵深水域的监控能力。这将使越南拥有对其本国海岸线进行监控的现代化海上控制系统。2010 年 10 月，在越南河内建城千年庆典上，海上警察部队首次出现在阅兵方阵中的重要位置，其统一的着装、齐整的步伐，顿时引发世界舆论的广泛关注。越南国家电视台主持人称，“一支海上精锐之师正在向我们走来，他们稳健的脚步将确保我们的海上大门的安全”[②]。次日，越南各大平面媒体对此大肆报道渲染，激发了所谓“越南的民族自豪感。”

在 2002 年 9 月越南国防部出台《海上民兵自卫队活动规定》对此进一步规范和完善的基础上，2009 年 11 月 23 日，越南国会通过法案批准正式组建海上民兵自卫队，使其等同于一支海上准军事化部队。越南国会在批准这一法案时强调指出：“越南海上民兵自卫队将与边防部队、海军、海上警察以及其他部队相配合，保卫国家边境安全和越南海洋区域的主权。”[③] 进入 21 世纪以来，越南加速向被其占领的 29 个我南海岛礁移民，增设永久性军事和民用设施，尤其是在近年来在南海争端日益尖锐的情况下，越南海上民兵自卫队一经组建，立即发挥了重大作用。如今，越南的海上民兵自卫队分布在各渔业大队、渔船中，海上捕捞作业时他们是渔民，一有海上争端时他们又会在第一时间拿起武器保卫海岛与领海。它已经成为一支配备重型攻击性武器的海上“准军事力量”。

此外，越军中的海上特工力量也受到了格外的重视。每个团一级海军建制单位都配备了海上特工部队，活跃在海上、海岛以及渔

---

① 田剑威：“越南高调加强对南海诸岛控制”，载《凤凰周刊》2010 年第 4 期，第 68 页。

② 越南《国防与安全杂志》2010 年 10 月特别号。

③ 张飞：“越南海上警察部队成立的背景”，载《南亚东南亚语言文化研究》2010 年第 9 卷。

民中。根据越军水上特工在海上的任务与传统战法，其主要目标是在海上和较远的岛屿上进行力量建设的同时扩展耳目和线人，发挥其情报功能，并顺利安插在普通的渔民之中，在关键时刻发挥重要情报作用。

事实上，越南海洋经济的发展离不开海上安全保障，而越南政府推出的“海上全民国防”、“海上全国边防”以及海上“人民战争思想”的做法其主要的目的就在于维护已经在南海获取的既得利益，以确保“海洋战略”的顺利落实与实施。

三、 四大海上警察区划定

自 2008 年 3 月正式成立之后，越南国防部将新成立的海上警察部队的管辖范围进行了划定和分工，明确了责任，由此划定了四个海上活动区域，由海上警察部队负责对本国渔船前往中国专属经济区捕鱼提供武装保护，同时借此宣示海上主权。这四大海上区域被称之为“海上警察区”，具体如下：

第一区管理广宁省北仑河口至河静省独角的海域和大陆架；

第二区管理河静省独角至平定省蓝岛的海域和大陆架；

第三区管理平定省蓝岛至朔江省定安河口北岸的海域和大陆架；

第四区管理朔江省定安河口北岸至建江省河仙的海域和大陆架。

表 5.1 四个海上警察区的划分

各海上警察区	起始海域	终止海域
第一海上警察区	北仑河口	河静省独角
第二海上警察区	河静省独角	平定省蓝岛
第三海上警察区	平定省蓝岛	朔江省定安河口北岸
第四海上警察区	朔江省定安河口北岸	建江省河仙

至此，越南的海上立体防御体系已经初步构建完成，它包括海上、海底以及空中。简言之，这是一个以海军部队为主，其他力量为辅，分工明确、各行其责的海上防御体系，以此来行使自己的海上安全保护使命，确保越南本国的海洋权益及在南海获取的既得利益不受到任何影响。

第六章　越南“海洋战略”的远景目标

根据越共中央所通过的《至2020年越南海洋战略》文件中的描述、2012年6月通过的《越南海洋法》以及越南领导人近期在各种不同场合的讲话及越共中央机关媒体援引越南国内经济学家、安全战略人士的分析，笔者将越南的“海洋战略”中的远景目标分为海上经济、海洋生态保护与海上安全三个部分来进行论述。因为除了海洋经济和海上安全，越南海洋生态环境的恶化趋势已经引起了越南政府的高度关注和重视，它将成为越南海洋战略面临的另一个严峻挑战，这将在本书第八章有关“越南海洋战略的有利与制约因素”中作进一步的具体阐述。

第一节　海洋经济之远景目标

针对未来的海洋经济的远景目标，越南官方在《至2020年越南海洋战略》中有着非常明确的部署和要求，那就是海洋经济必须在未来的国民经济中占据主导性作用，扮演关键角色，并以此为基础一举实现海洋强国梦。

一、战略目标：建成一个海洋强国、海洋富国

越南的“海洋战略”坚持国防与经济必须时时刻刻紧密结合的原则，强调巩固国防和发展经济是越南的两大战略任务，在当今及未来的和平状态下，要优先发展国民经济，尤其是海洋经济，向海洋要成效，以此来提高综合国力。《至2020年越南海洋战略》在其总论中明确指出：“从现在起要努力奋斗，至2020年时，逐步将越南建设成一个海洋强国、海洋富国。”为了实现这一远景目标，必须稳固海上主权，保卫海权与海上利益，确保国家的稳定与发展；将经济发展、社会发展与国防安全紧密相结合，确保海上一切经济活动的安全；制订一系列积极可行的政策吸引与海上资源开发有关的投资和投入；建立与海洋经济密切有关的沿海经济区，并将其作为一大动力来推动国家经济的发展；极大改善沿海地区、近海地区群众的生活。

除了上述战略规划外，越南政府还秘密制订了长期基本目标规划与短期应对目标，具体如下：

1. 长期基本规划：保卫国家主权、领土完整和国家利益，确保不受到任何形式的侵犯、蚕食；在本国控制的领海、所占岛屿上稳步发展海洋经济，扩大海洋经济比重；坚决有力回击各敌对势力侵占领海和岛屿的意图以及各种规模和形式的侵占行为。其中，围绕保卫和发展海洋经济战略的实施始终由党中央政治局直接统一领导，作出决策，由中央政府组织管理。

2. 短期应对目标：有效抵制在越南海洋、海岛主权范围之内各种针对越南海洋权益的威胁和侵犯；以外交斗争为主，赢得各方舆论同情，避免爆发海上武装冲突，维护和平，为发展海洋经济创造和平稳定的环境。

2012年6月，越南国会所通过的《越南海洋法》则又从法理上明确了越南的海上主权——一个排他性的谬论。为在未来实现所谓海洋强国梦、海洋富国梦奠定了某种理论上的基础。

二、海洋经济：要占 GDP 的一半以上

对于在未来越南海洋经济在国家经济中扮演的角色和所占的分量，《至2020年越南海洋战略》中明确指出，“海洋经济必须要占到国家 GDP 的半壁江山（一半以上）。”[①] 它具体包括：“努力争取在2020年使海洋经济占国家 GDP 的53%—55%，并使海洋经济占国家总出口金额的55%—60%。”为实现海洋经济占 GDP 半壁江山的战略目标，越南政府提出了具有针对性的要求，出台了一系列的政策和规定。具体如下：

第一，首先要在当前集中开发具有经济战略意义的海洋资源，比如海底石油天然气、海上渔业资源，拓展航海经济等，同时注重开发其它海洋资源，以在未来使其服务于国家经济。对上述资源的开发、开采顺序可视具体情况进行调整，比如海上石油、天然气为不可再生资源，一旦逐渐枯竭，则必须将其他海上能源、资源以及海上矿产品的开发置于首位，比如海上地热、海潮等。

第二，打造一个沿海地区的沿岸都市圈群——即在沿海地区形成一个个的都市群，修建沿海高速公路，将都市群连成一体，互联互通。这些沿海都市圈今后将成为国家经济快速发展的中心地带，并辐射至内地，从而成为率先实现 GDP 达标的一座座“平台”。2009年2月，时任越南总理阮晋勇又签发了第18号决定（18/2009/QD－TTg），批准了《至2020年暹罗湾越南海域及沿海发展规划》。根据规划，越南将集中建设从金瓯省南勤市到建江省迪石市和河仙市的暹罗湾沿海经济走廊；建设贯穿越柬泰三国的沿海交通干线，

---

① 本句原文为：Kinh tế Biển sẽ chiếm một nửa GDP。

与中国南宁—越南谅山—新加坡的经济轴线对接。沿线发展工业、水产、旅游和海上服务等优势主导产业；将富国岛建设成综合海洋经济特区。①

第三，开拓一条从南到北的沿海高速运输线，同步发展海上旅游业，进一步推动经济的快速发展。按照远景规划，到2020年底，旅游业将要达国内国民生产总值的8%，其中涉海旅游要占相当大的份额。2010年7月8日，越南副总理阮善仁在庆祝越南旅游业成立50周年大会上誓言：“一定要使旅游业成为我国极其重要的创汇行业，并跻身尖端产业行列。”② 2010年上半年，尽管受到全球经济金融危机的影响，但越南旅游业已接待国际游客达250万人次，国内游客达1700万人次，旅游业收入达45万亿越盾。③ 旅游业已经成为越南的一项重要国家产业，而由于一半国土临海，涉海旅游又占其中的较大份额。

第四，海岛经济要翻番。根据政府总理阮晋勇于2010年5月2日所批准的《到2020年越南岛屿经济发展规划》。海岛经济要为全国经济作出贡献，要求海岛经济从目前的0.2%上升至2020年的0.5%，并使海岛经济年均增幅达14%—15%。④

与此同时，与沿海经济发展有关的服务行业、第三产业必须形成体系与规模。为实现这一计划，越南政府规定各地方政府的投资在未来必须以大手笔的方式进行，确保一步到位。

---

① 古小松编：《越南报告：2012—2013》，世界知识出版社，2013年版，第255页。

② 《越南共产党电子报》，2010年7月9日：www_ cpv_ org_ vn－旅游业2020年将达国内生产总值8%#9dUsT10uqsxO. htm。

③ “越南旅游业：成绩与挑战”，越南《人民报》，2010年7月8日第4版。

④ 《越南共产党电子报》，2010年5月6日。\ www_ cpv_ org_ vn－越南将加大投资发展海岛经济#ocJ2G1xZBMEG. htm。

三、区域划分：建立四大沿海经济中心

根据《至2020年越南海洋战略》中提出的远景规划，越南政府将把漫长的海岸线分割成四个大版块，在这一基础上形成四大沿海区域，每一个区域中都包含着一个核心经济区，即四大沿海经济中心。从北到南具体划分如下：

第一沿海区域，即北部沿海区，由芒街至宁平，以北部湾地区为经济核心，依托海防市和广宁省，将把广宁省的省会芒街市提升为大城市；第二沿海区域，即中部沿海区，由清化至宁顺，以岘港为经济核心，依托金兰湾、云会等港口及城市，其中重点将把位于芽庄的云峰湾打造成一个国际中转大港；第三沿海区域，即东南部沿海区，集中在巴地和头顿地区，其中以头顿为核心，使其成为一个石油天然气的加工、制造及转送中心；第四沿海区，即与九龙江平原相连接的沿海区域，范围从前江至河仙省，其中将把最南端的富国岛打造成一个经济开发区。参见表6.1：

表6.1　越南四大沿海区域分布

区域划分	起始地区	终点地区	核心城市、地区	特点
第一沿海区（北部沿海区）	芒街（广宁省）	宁平	海防、芒街	将芒街升格为大城市
第二沿海区（中部沿海区）	清化	宁顺	岘港、芽庄	将云峰湾建设成国际中转大港
第三沿海区（东南部沿海区）	巴地	头顿	头顿	将头顿作为石油天然气加工制造中心
第四沿海区（南部沿海区）	前江	河仙	富国岛	建设富国岛成经济开发区

按照越南海洋战略中的相关规划，一旦上述四大沿海经济中心

顺利建成，将对周边地区产生带动作用，并向内地广泛辐射。

第二节　海洋生态保护之远景目标

越南海洋生态环境不断恶化的趋势开始引起政府的高度关注和重视：一方面，因许多人为因素及无序开发导致海洋环境不断受到污染，以至于海洋生态环境出现日益恶化难以治理的趋势，威胁到渔业资源和海洋生物；另一方面，政府的管理措施与手段却相当滞后，资金与技术都出现了巨大缺口，相关法律也明显不足。为了改变这一状况，2010 年 5 月，时任越南政府总理阮晋勇批准了《到 2020 年越南海洋自然保护区体系规划》，这是越南政府首次颁布与海上自然环境保护有关的规章制度。[①]

一、设立 16 个海上自然保护区

根据《到 2020 年越南海洋自然保护区体系规划》的具体目标，越南将在未来在海上设立 16 个海洋环境自然保护区，从规定颁布之日起于 2010 年至 2015 年期间陆续建成，并逐步投入运行；而在至 2020 年时则全面完善这 16 个海洋自然保护区。

根据规划内容，这 16 个海洋自然保护区建于覆盖南沙群岛的广大海域和海岛，投资总金额约为 4600 亿越南盾，建设过程分为两个阶段：第一个建设阶段从 2011 年至 2015 年，投资金额约为 3000 亿越南盾；第二个阶段从 2016 年至 2020 年，投资金额约为 1600 亿越南盾。

---

① “政府管理海上环境”，越南《经济报》，2010 年 5 月 30 日第 7 版。

按照规划中的要求，到2015年基本建成的越南16个海洋自然保护区分别是：陈岛，姑苏岛（广宁），白龙尾岛、吉婆岛（海防），鸿迷岛（清化），昏岛（广治），海云—山茶岛（承天顺化—岘港），老挝湛（广南），李山岛（广义），南威岛、芽庄湾（庆和），主山（宁顺），富贵岛、汉驹（平顺），昆岛（巴地头顿）和富国岛（监江）。

越南政府在南海设立16个海洋自然保护区的做法旨在确保对资源攫取的可持续性。值得一提的是，这些海上生态保护区涵盖了我国南海海域，有的甚至划到了我国的南海断续线（即U形线）四周或之内。这必将加剧与我国的海上权益争端，引发两国关系的不稳。

二、确保海洋环境可持续发展

在设立16个海洋自然保护区的基础上，2014年7月，越南自然资源与环境部长、越南湄公河国家管理委员会主席阮明光对外宣布，越南全面启动保护海洋环境的战略，以确保可持续开发和可持续利用海洋自然资源，这一规划一直设定到2020年，并对2030年进行展望。

根据这一规划的内容，重点是政府职能机构以及各级政府将努力改善、减小因气候变化而对海洋生态系统的影响与破坏，同时继续保持越南海产业的现有生产力，确保可持续性发展。这是因为由于近年来全球多地因为污染以及渔业资源过度捕捞等原因，导致海洋生态环境遭到严重性破坏，而气候的变化又加剧了这一影响。由于过度捕捞，越南近海的渔业资源正面临日益枯竭的危险，更多的渔民不得不前往远海进行捕捞作业，加大了成本。[①]

① 古小松主编：《越南报告：2012—2013》，世界知识出版社，2013年版，第252页。

第三节　海上安全之远景目标

如上所述，要确保越南的“海洋战略”能够全面实现，离不开海上安全保障以及国防建设，其中重点仍然是海军以及海上安全力量的建设。根据越南军方所出台的有关海上安全部分的远景规划，越南将逐步打造一个远端、中端和近端的三层海上防御岛链，并在2050年完成一支现代化强势海军的建设。

一、形成三层防御岛链

根据越南政府在世纪之交所制定的面向21世纪的“新全民国防军事战略”中的内容显示，该战略奉行“积极防御”的战略方针，要求军队建设必须服从和服务于国家的经济建设，把“保卫海洋领土和海洋资源”作为新军事战略的重心，将应付海上突发事件和局部战争作为作战重点；强调海上战场的战略价值，提出依靠海上防御纵深来缓和陆地防御纵深较浅的新安全思想，改变过去战略部署上的“北重南大中间轻”的态势，将作战区域局限于本国的领土领海范围内，重点加强中部地区和越占岛屿的兵力部署。

根据远景规划，在上述基础上形成海上三层防御线，即形成海上“岛链”之概念。1951年1月4日，美国学者、后成为美国国务卿的约翰·福斯特·杜勒斯首次提出了“岛链”的概念，他认为：“美国在太平洋地区的防御范围应是日本—琉球群岛—台湾—菲律宾—澳大利亚这条岛链线。”[①] 美国《防务新闻》周刊于2009年又

① 阮宗泽：《冷战外交家杜勒斯》，世界知识出版社，1990年版，第20页。

重新提到了这一战略概念——“第一岛链”（这一概念的涉及范围涵盖了中国的黄海、东海和南海海域，恰好对中国形成了海上包围的态势）。[①] 由于越南的海岛离其海岸线呈远距离、中距离和近距离三条线大致分布，也正好形成了三层防御链（防御层），当然其出发点在于形成自我积极防御态势，即防止其所占岛屿遭反抢、国土遭袭击。如前文所述，越南的国土防御纵深极浅，极易被外界拦腰切断。而有效形成的海上防御层次则既可确保海上权益，又可针对陆地形成有效保护，拓展防御的纵深。

在越南定位的三层海上防御链中，远海线为我西沙、南沙群岛中的部分岛屿；中间线为白龙尾岛、富贵岛、昆仑岛和土珠岛等岛屿；而近海线为离越南国土较近的吉婆岛、占岛、惹岛、南游岛、陈岛、姑苏岛和富国岛等。就海上地理方位而言，它正好构成了北端、中部以及南部三层防御，形成对越南国土的一种有效自我防护。

按照远景规划，越南在未来要将这三条线中的部分岛屿如一些规模较大的岛屿——富国岛、昆仑岛、富贵岛、吉婆岛、姑苏岛等建设成为居民众多、经济富裕的地区，并成为保卫海洋战略的重要军事基地与后勤基地；同时将白龙尾岛、姑苏岛、土珠岛、薯岛等前哨岛屿建设成经济发展水平高、保卫国防安全能力强的海上堡垒式岛屿。参见表6.2：

表6.2 越南海岛三大防御链的划分

防御链层次的划分	包含的岛屿	目标与特点
远海线（北）	南沙群岛、西沙群岛	
中间线（中）	白龙尾岛、富贵岛、昆仑岛和土珠岛	将白龙尾岛、土珠等打造成前哨岛屿
近海线（南）	吉婆岛、占岛、惹岛、南游岛、陈岛、姑苏岛和富国岛	将吉婆、姑苏等建成军事基地

① 杨晴川：《美国介入南海加强岛链驻军牵制中国海上战略》，载《环球》杂志2009年，第6期。

目前，越南在距离本土较远的岛礁上投入相对较大，即最远端的外线岛屿，一般采用人工岛和混凝土建筑的方式建设简易据点，每个据点配置一艘以上的武装渔船，它被视为海上的前哨站和第一道防线；在一些较大的主要岛屿，则有一些武装运输船守护，并负责为海军舰只提供后勤补给。而在距离本土较近的万安滩、李准滩、人骏滩等地，未来计划在水面建设高脚屋，同时配置续航力短、速度快的守护炮艇，形成阵地岛规模，它被打造成离本土最近的海上防线。2014 年下半年开始，在获悉中方在南海海域扩礁为岛之后，越南似乎从中得到了启发，也开始仿效这样的做法。[①] 此前，由于受到技术力量的限制，越南在岛礁上的建设还仅仅局限于改善驻岛官兵的生活设施。

二、 实现现代化海军目标

越南海军总兵力现有大约 5.5 万人（含海军陆战队 2.7 万人），划分为 4 个沿海地区（柬埔寨磅逊和云壤港为越海军第五沿海地区），包括一个舰队，舰艇旅、陆战旅、运输旅各一个以及若干海军航空团和海军导弹、侦察、通信、雷达、工兵、特工等部队。单从海军实力上看，许多舰艇已经逐步老化，武器装备水平落后，难以高效保障海上巡逻、侦察、护航等任务，与海洋战略中的海上安全体系要求极不适应。

但是自从越共九大召开之后，越南开始大刀阔斧地推行海洋发展战略，打造强势海军，企图以海军为先锋不断向海洋扩展，努力成为 21 世纪东盟乃至世界的海洋大国。为与这一变化相适应，越南

① ［越］黎文纲：“中国在永暑礁造岛的威胁和越南的应对”，载越南《时代报》2014 年 10 月 10 日，http：//shidai. vn/detail－0203－3229. html。

的军事战略，尤其是海军战略做了较大幅度的调整，把海军的发展放在了军队建设的首要位置，并制定了近期、中期和远期的海军发展规划，努力使海军成为其谋求海洋权益的“保护神”。

进入21世纪之后，越南又先后推出了中期和远期的海军发展规划，以努力建设一支现代化的海军部队。在2010年前，已经逐步淘汰了落后的现役装备，增加了许多新型舰艇，同时发展了海军潜艇及航空兵部队，为打造一支现代化的海军逐步奠定基础。在2012—2020年的八年间，越南海军计划投入重金购买七艘左右的新型轻型/中型护卫舰，进一步发展海军力量。[①]

2009年12月，越南政府发表了历史上第三份《越南国防政策》白皮书。越南在白皮书中表示关切南海地区纠纷的上升势头，并表示希望通过和平方式解决西沙群岛和南沙群岛主权问题，但同时也强调不排除以武力方式“保卫”对南海地区的主权，这在越南政府历史上所发表的三份国防政策白皮书中是第一次出现这样的表述。为了能够有效保卫海上“主权”，越南海军已经秘密制定了“分三步走”的发展规划，坚决走自行研制与向外购买相结合的道路，每年拨出大笔专款用于研制和外购新型舰艇及其他武器装备，最终准备列装从飞机、轻型护卫舰、大型驱逐舰到导弹艇、潜艇等一整套的海战利器，提高海军的立体作战能力。此外，还修建和扩建了岘港、归仁、芽庄、金兰等位于中部及南部的几个重要军港和军商合用港口，而海防军港的建设则将从2010年开始，计划历时5—8年左右的时间，建成后将具备停泊4万吨级大型战舰和40—60艘水面舰艇及潜艇的能力，成为继金兰湾之后的越南第二大海军基地。

按照越南军事变革的要求，越南海军装备更新换代的第一阶段必须于2015年前初步完成（目前已经推迟）。届时，越南海军的远

---

① 吴展燕、刘杰：“越南海军自强之路依旧漫长”，载《青年参考》2012年12月19日第19版。

洋护航能力和海上作战能力都将得到一定程度的提升；而在2050年前，则形成独立的远海和立体作战能力，逐步走向远海，全面实现海军的正规化和现代化。

第七章　越南“海洋战略”的基本特征、目的与意义

在前几章着重分析了越南“海洋战略”的基本态势与远景目标的基础上，本章将主要从这些基本态势及远景规划中找出规律性的东西，以充分论述、分析越南“海洋战略”所具备的特点、要达到的目的以及意义、影响与作用等，以此来进一步揭示出其核心内涵，将越南“海洋战略”的精髓呈现在人们的面前。同时，为我国决策部门应对越南的“海洋战略”提供重要的事实与理论依据。

第一节　越南“海洋战略”的基本特征

越南作为一个海岸线长达3200多公里的沿海发展中国家，在拥有丰富油气资源的海域、岛屿主权归属问题上与多国存在着极大的争议，同时又是一个经历了长期战争的国家，这三大特性注定着其海洋发展和安全战略既不同于传统的世界海洋强国，也不同于一般的沿海发展中国家。越南的“海洋战略”有着与其自身地缘特性息息相关的一系列的特征。这些特征可主要归纳为：

一、实现大国家战略的平台

越南共产党中央委员会所制订的《至2020年越南海洋战略》是越南政府在历史上第一次将海洋发展问题提升到战略的层次，力图在未来将越南建设成一个海洋强国、海洋大国及海洋富国。这是越南政府根据本国的具体国情、地缘战略特点以及国际与地区形势所作出的重大决策。因此，越南“海洋战略”的第一个特点就是：该战略紧密服务于大国家战略，为大国家战略的最终实现提供最有力的保证，并与这一国家战略形成了强烈的互动互补。

《至2020年越南海洋战略》中将时间节点设定为2020年并非偶然，这表明它与越南的大国家战略这两者之间有着必然的联系。根据越南共产党第九届全国代表大会所通过的决议，越南的国家发展战略就是调整产业结构，推动国内工业的迅猛发展，在2020年之前成为一个工业化、现代化的国家。[①] 越共九大制订的《2001至2010年越南经济—社会发展战略》中也明确指出“在21世纪国家的中心任务是推进革新开放，加快工业化、现代化进程，实现经济大发展，摆脱欠发达状态。”[②] 继越共九大之后，越共十大、十一大再一次强调了至2020年实现国家工业化、现代化的目标。在2011年1月中旬召开的越南共产党第十一届代表大会上，时任越共中央总书记农德孟在大会上作报告时指出，越南党和政府将继续以发展经济为中心任务，不断完善社会主义市场经济体制，到2020年把越南建设成为现代工业化国家。[③]

根据从越共九大开始所通过的三届党代会决议中的核心内涵，

---

① 越南共产党：《第九届全国代表大会文件》，越南国家政治出版社，2006年版，第23页。

② 张忻：“论越美关系发展现状、动因及制约因素”，载《东南亚之窗》，2008年第1期。

③ 李洋：“越共十一大‘定调’十年战略”，中国新闻网，http：//www.chinanews.com/gj/2011/01－12/2783806.shtml。

笔者将“工业化”、“现代化”及“成为地区大国”归纳为是越南现阶段的大国家战略中的三大要素或三大核心。因此，为了实现这一国家战略目标，首先就必须有效地捍卫已经获取的海洋利益，以逐步实现海洋强国梦、海洋富国梦，以海洋经济为基础逐步迈向工业化、现代化时代。而在大国家战略中所涉及的国家安全领域及地区大国之梦想，则包括采用大国平衡战略、利用大国之间在本地区的利益纠葛、矛盾以获得最佳与最大的生存和发展空间，从而提升自己的战略地位和国家影响力。它具体包括：积极与东盟各成员国进行磋商，淡化或暂时搁置与其他东盟国家之间的矛盾，积极推动东盟一体化——而其根本目的就在于借助东盟的力量增加与中国在海上权益纠纷中抗衡的筹码，将矛头集中对准中国，维护其在南海非法侵犯我国领土、侵害我海洋权益的既得利益，并在未来寻机扩大非法侵占的海域范围，同时获取更大的海上利益。这一目标同样离不开海洋战略，正如笔者在前文中所论述的，越南政府推出的海洋战略本身就是一个大的综合体，它包括了政治、外交、经济、文化以及军事和社会等诸多方面与领域。

（一）理论层面：海洋战略服务于国家战略

从理论的角度分析，越南的“海洋战略”服务于越南的大国家战略，它不仅是大国家战略的基础，同时还决定着这一国家战略能否最终实现，是大国家战略成败之关键所在；而大国家战略则为“海洋战略”指引方向，明确奋斗目标，并在大国家战略指导下在政府制订并实施的具体措施、政策时进行具有实质意义的倾斜，两者相互作用。

越南国内学者在论述越南“海洋战略”与大国家战略的关系时毫不讳言两者之间的相互关联。在越南共产党第九届代表大会召开之后不久，时任越南政府边界委员会海上司司长的黄明政在越南《全民国防》杂志上公开撰文，称“应该按照工业化、现代化的奋

斗方向发展海洋经济”[1]，从而首次将海洋发展与越南的大国家战略——实现工业化、现代化的目标完全结合了起来。近年来，随着越南海洋经济的飞速发展，海洋权益日益受到重视，这样的观点已经成为越南共产党中央委员会的理论界以及越南国内学术界和舆论界的一种共识。越共中央党校理论学家阮海青博士在《海洋战略与工业化、现代化视野》一文中指出：“推出这一战略（海洋战略）不仅使我国的海洋经济的内涵得到拓展，而且更重要的是，它使国家工业化、现代化战略的内涵得到了拓展和丰富。”[2] 他还认为，海洋战略与大国家战略之间具有不可分割的联系，在海洋战略推出之后，大国家战略变得更加完善，进一步丰富了大国家战略的内涵。越南共产党中央机关报《人民报》则在评论《至2020年越南海洋战略》的社论中指出：“我们需要努力奋斗把越南建设成一个以海洋为依托的富强之国，坚决捍卫海上主权……，建设与海上经济活动相适应的大型经济中心，以此为动力极大地推动整个国家经济的发展。”[3]

这一社论将海洋经济作为国家发展的基础和依托，清楚地凸显了它与越南的大国家战略这两者之间的关系。显然，在理论上，越南国内学界普遍将海洋发展与海上安全战略视为大国家战略实现的重要基础和前提，两者之间有着密切的关系，并且还是一种互动式的相互关系，两者之间有着密切的联系。

对于越南“海洋战略”与大国家战略的互动关系，从越南已经开始推行的“海洋战略”的实践来看，它在经济层面的体现已经十分明显。在位于越南中部地区的榕括炼油厂投入使用之后，越南《共产主义杂志》在评论中认为：“我们在当今具备了提炼加工原油的技术就意味着越南朝向工业化、现代化的方向迈出了重要的一步，

---

① ［越］黄明政：“在新时期保卫海上主权和国家利益”，载越南《全民国防》2005年第6期。

② ［越］阮海青：“海洋战略与工业化、现代化视野”，载越南《光芒》杂志2007年第2期。

③ “关于海洋战略的社论”，越南《人民报》，2007年1月27日第1版。

它对我们民族而言具有极大的象征意义。”[①] 该文还同时认为：“……在以往，有了原油，却要送到国外进行提炼加工，然后我们再进口外国的汽油，这远远不是一个现代工业化国家的标志。”[②] 可见，海洋经济的发展对越南工业化、现代化进程的影响以及在越南国家大战略中所占的份量是如此之大、如此之多，它受到了越南政府的高度重视，同时被越南各界寄予了厚望。

（二）实践层面：以地区大国实践为例

在综合国力得到提升的基础上，成为一个有影响力的区域大国，以达到提高自己的话语权的目的，尤其是在南海问题上提高自己的话语权也一直是越南高层奋斗和努力的目标，这是越南大国家战略中的三大核心内涵之一。越南在其外交白皮书中强调“积极走出本区域之外，逐步走向世界，参与世界性事务，扩大越南的影响……”越南共产党在九大、十大以及于2011年年初召开的十一大报告中都强调了同样的方针政策，即“扩大对外关系，主动加入各国际及区域组织，提高我国在国际上的地位”。[③] 在越共十届四中全会的闭幕式上，越共中央总书记农德孟特别强调：“越南成为世界贸易组织的成员，是越南走向世界、融入世界经济的一大标志。融入世界是我党的一贯主张，符合客观趋势和我国发展的实际。”[④]

其次，在成为地区大国的实践方面，越南除积极主办东盟首脑、外长会议及地区论坛外，还与东盟其他各国频繁进行高层互访，全面加强与东盟国家在政治、经济、外交、文化、科技、军事领域的交流与合作，尤其是积极倡议召开南海问题区域会议，谋求在南海问题上在东盟内部达成共识，并协调各方在这一问题上的立场和行

---

① 社论：“越南工业化的一大转折点”，载越南《共产主义杂志》2009年第3期。

② 社论：“越南工业化的一大转折点”，载越南《共产主义杂志》2009年第3期。

③ ［越］中央宣传教育委员会：《发展海上经济与保卫越南岛屿、海上主权》，越南国家政治出版社，2008年版，第77页。

④ ［越］农德孟：“在越共十届四中全会闭幕式上的讲话”，载越南《人民报》2007年1月21日第1版。

动，同时加强与东盟国家双边或多边军事交流与合作，并与涉及我南海主权问题争议的马来西亚、菲律宾以及印度尼西亚等国就定期或不定期举行联合军事演习等问题达成协议。

以2010年越南担任东盟轮值主席国为例：在2010年一年中，越南共召集了六次有影响的地区或国际首脑峰会，可谓做足了文章。参见表7.1：

表7.1 2010年越南承办的重大国际会议

会议召开时间	内容或主题	参加国家	地点
1月13—14日	第三次东盟政治安全共同体理事会会议、东盟协调理事会会议以及东盟部长级会议	东盟各成员国	越南岘港
4月8—9日	ASEAN-16：东盟第16次峰会，主题：迈向东盟共同体	东盟各成员国（泰国总理阿披实未出席）	越南河内
7月20日	东盟外长会议	东盟各成员国外交部长	越南河内
7月21日	东亚峰会外长会议	东盟十国+中、日、韩、印度、澳大利亚、新西兰，即“10+6”	越南河内
7月23日	第17届东盟地区论坛外长会议（ARF）	东盟10国及亚太地区27个国家与地区	越南河内
9月20—24日	第31届东盟议会联盟大会（AIPA）。主题：各民族团结与可持续发展的东盟共同体	东盟成员国	越南河内
10月12日	首届东盟防长会议及“10+8”防长会议	东盟成员国及中、俄、美、日、韩、印度、澳大利亚、新西兰	越南河内
10月29—30日	ASEAN-17：东盟第17次峰会；东盟“10+3”、“10+6”峰会；主题：从愿景到行动，迈向东盟共同体	东盟成员国及中日韩三国；东盟成员国及中、日、韩、印度、澳大利亚、新西兰	越南河内

值得一提的是，在越南的提议下，东盟各成员国及世界上另外8个国家首次在越南河内举行了一次以国防部长为对象的防务会议，即“10+8”会议。其中美俄两国首次以对话伙伴国的身份参与了此次“10+8”防长会议。这是继2010年7月东盟外长会议决定正式邀请美俄“以适当安排和时间”加入东亚峰会后，两个军事大国走近东盟的又一实质性表现。美俄的加入无疑将会使东盟国家的战略安全格局发生微妙变化，从而越来越朝向于越南所设计的路径方向发展。因为在处理与大国的关系问题上，越南正屡屡利用美、俄、中、日等大国相互之间的矛盾，开展平衡外交，以“大国平衡”外交战略获得最大的生存空间，从而增加在南海问题上对付与对抗中国的筹码。

在总结归纳2010年作为东盟轮值主席国的经验时，越南副总理兼外交部长范家谦认为共有“七点收获”：其一，越南本着“积极、主动、负责任”的方针做好东盟轮值主席国的任务，大大提高了越南的国际地位；其二，东盟的互联互通和一体化进程朝深化、广泛和日益紧密相连的方向迈进实际一步；其三，东盟对外关系得以加强，有效协助东盟的和平、安全和发展目标；其四，东盟地区作用和国际地位得到了切实提高；其五，旨在维护和平、安全、实现可持续发展以及应对全球性挑战的地区对话与合作，通过多种渠道和不同级别的机制得到了加强；其六，越南与东盟各成员国和东盟外其他国家的双边关系得到了加强；其七，通过举办东盟会议极大推介了越南风土人情、历史、文化和发展潜力。[①]

对于越南频频出现于国际政治舞台，并利用东盟作为平台拓展自己影响力的做法，美国著名政治评论员兰斯·莱卢普曾有过精辟

---

① “越南2010年东盟轮值主席国圆满完成”，《越南共产党电子报》（中文），2010年12月9日，http://www.cpv.org.vn/cpv/Modules/News_China/News_Detail_C.aspx?CN_ID=437678&CO_ID=7338497。

的分析和论述。他认为，这些大型活动实际上都是旨在为政治目标服务，以上个世纪的历史为背景就能看出端倪。自从19世纪晚期以来，这种盛会就成为一个国家在全球阶梯上晋级的必要标志。崛起中的国家竞相举办这些盛会，如果办得好，其他国家就会将这些盛会解读为一种信号，说明这个新兴国家已经成为一个需要认真对待的角色，是一种对潜在实力的展示。[①]

2007年10月，越南以压倒多数的支持票当选成为联合国非常任理事国，任期为两年（2008—2009年），[②] 这是越南历史上的第一次。越南政府宣称这是其国际地位得到明显提升的里程碑的事件，其国内媒体大张旗鼓地予以宣传，并以“准大国”的身份自居。正是在这样的背景下，越南的海洋强国梦进一步膨胀。而越南所推行“海洋战略”所要控制的广大海域，又恰恰覆盖了南海极其重要的海上国际交通线。长期以来，这一海上交通线既是日本的海上“生命线”，也是美、俄、中等国家的重要贸易通道，如果越南能够成功地控制住这一重要的海上通道，那么上述国家在与其交往时不得不考虑这一重要因素，从而提升其地位和影响力，使越南有了与大国周旋的更多的资本，并自认为已经赢得了最佳的发展的时间和空间，以一步步实现大国家战略中的地区大国梦。

（三）时间节点：与大国家战略实现的时间吻合

越南的大国家战略的奋斗目标与海洋发展战略目标两者之间所要实现的时间节点完全一致，即都设定为2020年，这也能表明两者有着密切的相互关系。在2001年的越共九大上，越南共产党第一次提出了工业化、现代化国家的目标，实现时间为2020年。2007年1月，越南共产党第十届代表大会第四次会议通过了《至2020年越南

---

① Lance T. LeLoup: *Politics in America: The Ability to Govern.* 2*nd Ed* St. Paul: West Publishing Company 2010, p. 390.

② 2007年10月16日，第62届联大经过三轮投票，越南以96%的支持票当选为联合国非常任理事国，任期为2008年1月1日至2009年12月31日。

海洋战略》提案。就时间概念而言，海洋战略得以全面而大规模推行的时间是制订这一战略时起，一直到2020年，照此推断，最终实现目标的时间也应该是在2020年。这恰恰与越南的大国家战略——工业化、现代化的目标所要实现的时间（2020年）完全一致，即两者的时间节点都为2020年。在2011年1月召开的越南共产党第十一届党代会上，越南共产党中央委员会通过了《2011—2020年阶段社会经济发展战略》，再次重申了到2020年实现现代化、工业化目标不动摇的奋斗目标。

如果如笔者所认定的越南的"海洋战略"始于越共九大的话，那么在制订两大战略的时间上也是一致的，因为准确地说，越南的大国家战略也是在越共九大上出台制订的。这就是说，大国家战略在很大程度上取决于"海洋战略"的实施。将实现上述两大目标的时间设定为同一年（2020年）并非一种时间上的巧合。它是越南政府根据多年来海洋经济发展的状况审时度势而提出的；反之，如果"海洋战略"无法顺利实施，或者在实施过程中遭遇到了巨大的瓶颈与障碍，那么大国家战略也很有可能无法实现。

此外，越南还于近年来陆续出台了诸多与海洋发展有关、被视为海洋战略之补充的政策、法规，其实现的时间节点同样设定为2020年，如《至2020年暹罗湾越南海域及沿海发展规划》《至2020年越南岛屿经济发展规划》《至2020年越南海洋自然保护区体系规划》《至2020年、定向至2030年越南海洋运输发展规划》《至2020年、面向2030年越南旅游发展总体规划》等。当然，这其中还包括许多涉及机密的文件没有公开，比如海军发展计划、海上安全等，都与2020年这一时间概念有关。

由此可见，越南的"海洋战略"在其整体国家战略中具有举足轻重的地位和作用，甚至可以说，越南的大国家战略能否最终实现与"海洋战略"的实施息息相关，后者是前者的重要基石。

对于越南来说，要想成功地成为一个地区大国，首先必须在东

盟内部在南海问题上起到“领头羊”的作用，以达成某种“内部共识”、取得一定意义上的一致，这不仅是东盟主要成员国所面对的共同问题，同时还关系到东盟如何共同应对所谓“中国威胁论”，只有这样才能在东盟拥有最大的话语权；才能在南沙问题上防范中国动武，并主张国际干预，同时使南沙问题一步步国际化。由此，我们得出结论：越南的“海洋战略”，是与越南的大国家战略有着紧密的联系的，前者既是后者的基础，也是一种无形的动力。这充分表明了越南的海洋战略在国家政治经济生活中所起到的重要作用。

二、 国家经济大提升的依托

经济是一切工作的基础，也是一国制定大政方针的决定性因素之一。在发展海洋经济的过程中，越南政府始终本着“先开发、先受益”的原则，加紧、加快对南海各种资源尤其是油气资源的开发，并从中获取巨大的经济利益，油气业已经一跃成为国民经济的支柱产业。作为一个传统的农业国，一个落后国家，越南能够不受土地的限制，迅速摆脱多年战争所带来的落后与贫困，进入经济、社会全面快速发展阶段，就与越南统一后重视海洋、坚定不移地发展海洋经济、推行海洋战略密不可分。

根据越共九大涉及到海洋发展内容的决议以及越共十大四中全会通过的《至2020年越南海洋战略》等相关文件和决议，以海洋大国、海洋强国为基础的现代化工业国家已经成为了越南国家和政府的奋斗目标，其中海洋经济将起到中流砥柱的作用。在《至2020年越南海洋战略》决议的引言中，越南政府明确地提出了“海洋强国”这一表述，这也是多年来的第一次。引言中称：要在2020年之前，“全国努力奋斗使我国变成一个因海洋而强大起来的海上强国、因海洋而富裕起来的海上富国……确保社会稳定和国家繁荣。”① 在越共十大上，越共总书记农德孟在代表越共九届中央委员会发表报告提到海洋问题时，特别强调“建设、实现全面而有重心、有重点的海洋发展战略，先期发展有利可图的海洋产业，以尽早将我国建设成为本地区的海上经济强国”。②

围绕这一目标，自从2007年1月越共十届四中全会通过了《至2020年越南海洋发展战略》之后，越南在南海的一系列行动明显加快了步伐，包括海洋油气资源的勘探与开采、海洋立法以及促使海洋权益争端国际化等。所有这一切都旨在以海洋经济带动整个国民经济，并以此为基础圆其海上大国梦、海上强国梦。

首先，在国家的经济发展中，寄希望于海洋经济能够带动整个国民经济，从而有效地来提升国家综合实力。2010年5月初，时任越南政府总理阮晋勇批准了《至2020年越南岛屿经济发展规划》。该《规划》的目的是在发展海洋及岛屿经济的同时力争使海岛经济为全国经济作贡献，即从目前的0.2%上升至2020年的0.5%，并使海岛经济年均增幅达14%—15%；同时将岛屿经济变成海洋经济、沿海经济和陆地经济及与国际经济往来的一个重要枢纽。③ 这是因为自从20世纪80年代海上第一口油井出油以来，越南获得的海上油气资源逐年递增，以油气资源为主的海洋经济已经为越南国民经济的发展带来了巨大的动力。海洋经济开发特别是南海油气资源的大规模开发在越南社会—经济发展全局和国家内外政策中具有头等重要的战略地位。按照《至2020年越南海洋战略》中的规划，在2010至2020年之间，越南的海洋经济必须达到占国家GDP的一半

---

① 本句原文为：phải phấn đấu để nước ta trở thành một quốc gia mạnh về biển，giàu lên từ biển，góp phần giữ gìn ổn định và phát triển đất nước .

② 越南共产党：《第十届全国代表大会文件》，国家政治出版社，2006年版，第93页。

③ “越南将加大投资发展海岛经济”，《越南共产党电子报》网络版，www_ cpv_ org_ vn - #ocJ2G1xZBMEG. htm6 - 5 - 2010。

左右，其中油气出口必须达到出口总额的55%—60%。同时，这一规划还设立了若干沿海经济圈，希望沿海经济起到强烈的辐射作用，带动沿海及内地经济的全面快速发展。

2009年2月17日，越南国内第一家大型炼油厂——榕括炼油厂全部建成投产。这标志着越南在油气资源开发以及生产方面迈出了一个新的台阶，标志着越南在海上石油领域的技术方面出现了一大飞跃，具有里程碑式的意义。从此，对海上开采的原油，越南可自行提炼、自行加工与生产，也这被视为是越南实现其海上强国梦的重要一步。越南媒体形容为这是“越南有史以来第一次由自己提炼、生产出来的汽油”。[①]

其次，以近年来越南的海上油气资源实际收益、获利为例，海洋经济带动国民经济发展、提升国力的趋势十分明显，越南正以此为基础，一步步推动国家经济的发展，迈向海洋大国目标。

在油气收益方面：

越南油气集团董事会主席丁罗升在2010年年中的一次会议发言中宣布，到目前为止（截至2010年上半年），越南油气总收入达到了1100亿美元，占越南全国GDP的18%—20%，并且油气业平均每年都保持着大约20%的增长速度。其中，出口原油的收益达到650亿美元，上交国家财政340亿美元。[②] 同时油气产品出口在国家出口总金额中占15%，为国家财政预算作出28%—30%的贡献，并吸引了国外大约100亿美元的投资用于海上勘探。2013年，越南油气集团营业收入达765.86万亿越盾，向国家纳税195.4万亿越盾，是向国家缴税最多的国企单位[③]。此外，越南油气集团还是越南国内

① ［越］阮友明：“越南用了自己生产的汽油”，载越南《首都安宁报》2009年3月20日第1版。

② Tập đoàn dầu khí nhận Huân chương Sao vàng: www // http: vietbao. vn. Tập đoàn Dầu khí quốc gia Việt Nam đón nhận Huân chương Sao vàng . htm 14 – 6 – 2010（越南油气接受金质勋章：越南越报网，2010年6月14日）。

③ 古小松主编：《越南报告》（2013—2014），世界知识出版社，2014年版，第250页。

电力供应量居第二的企业。

在渔业捕捞方面：

除了油气资源，越南还在南沙大规模地勘探海洋矿产，掠夺性地捕捞渔业资源。统计显示，近年来越南渔船在南沙作业的产量是沿海渔场的2—3倍，通常一个拥有30艘船的船队，在一个渔汛期内捕捞量可达20亿越南盾。[①] 在其捕捞的海产品中，有许多属于名贵鱼种，经济价值极高。这些海产品经过处理与加工之后，成为越南重要的出口产品，使其成为仅次于石油的第二大出口产品。

在经济增长方面：

因为有了油气资源作为支撑，近年来越南的人均收入稳步上升，并于2011年年初跨入世界中等收入国家的行列。[②] 过去十年来，越南的经济一直呈快速增长的趋势，参见表7.2：

表7.2　2001年、2007年、2008年及2009年越南经济增长数据[③]

年份	经济增长率（GDP）	海洋经济所占比例
2001	6.9%	35%，其中油气占7%
2007	8.5%	37%，其中油气占13%
2008	6.23%	40%，其中油气占15%
2009	5.32%	42%，其中油气占18%—20%

从表7.2中可以看出，尽管受金融危机的影响，越南经济增长速度有所放慢，但是海洋经济在国家经济中的比重却呈增长之势。特别值得一提的是，在全球金融海啸巨大冲击的背景下，2009年越南经济增长率仍然达到了5%以上，排在大多数东南亚国家的前面；与此同时，近年高居不下的通货膨胀也得到了有效的控制，在当年

① 吴士存：《南沙争端的起源与发展》，中国经济出版社，2010年版，第99页。

② “越南被亚行列入中等收入国家”，《越南共产党电子报》网络版，http：//www_ cpv_ org _ vn－亚行理事会第44届年会河内闭幕.htm。

③ 越南国家统计总局：http：//www.gso.gov.vn/default.aspx？tabid＝431&idmid＝3。

仅为7%，实在令人刮目相看。[①] 可以说，在2008年全年及2009年上半年当全球遭遇金融危机时，正是越南的油气业在相当大的程度上缓解了世界金融危机对越南经济的冲击。

在总结2010年的外资与外贸工作时，越南国家投资工业部认为，在受金融危机冲击的几年中，当绝大部分越南产品的出口量因此受到影响而出现严重下滑时，原油的出口不降反升，且升势明显，它成为了越南经济在金融危机中的中流砥柱。[②] 这一过程与历史上的一幕极为相似：1991年，当苏联突然解体时，苏联领导人向越南承诺的经济援助一夜之间变成了一张“空头支票”。越南正是利用当时的海上原油出口度过了难关，暂时摆脱了困境。自从失去了苏联的经济援助之后，为了从30年的战争破坏中恢复元气、重建经济，越南一直在努力开发着海上油气资源，成为了东盟国家中石油天然气产量增长最快的国家之一。以2010年各季度的经济增长指数为例，尽管遭受到严重的金融危机，但越南经济增长速度仍要比预想的要快。如表7.3显示：

表7.3 2010年各季度及全年越南GDP增长详表[③]

第一季度	5.84%		
第二季度	6.44%	季增幅0.60%	
第三季度	7.18%	季体增幅0.74%	
第四季度	7.34%	季增幅0.16%	
全年平均	6.78%	增幅1.46%	2009年全年：5.32%

① 古小松：“经济增长率为数不多的国家之一——越南2009年回顾与2010年前瞻”，载《东南亚纵横》2010年第3期。

② David Paul：*Dispute About the Oil in South Chinese Sea* , Presses Universitaires de France, 2009, p. 23.

③ “2010年的经济：强于金融危机的三年期”，越南越报网，http：//www.baomoi.com/Info/Kinh-te-2010-Tu-tin-hon-sau-3-nam-kho-khan/45/5477456.epi。

表7.3清晰地显示，越南的经济增长指数呈逐季上升趋势。其中，油气资源在其经济发展中占了较大的份额。《远东经济评论》认为，有理由相信，是海上油气资源拯救了金融危机中的越南经济。①

因此，无论是海洋强国、海洋大国还是有影响力的区域大国，都离不开综合国力，而对拥有3200公里海岸线的越南来说，综合国力的提升则主要来自于以海上油气资源为龙头的海洋经济，海洋经济带动了越南的整个国民经济，推动了国家经济的进一步发展。自从20世纪下半叶以来，随着世界人口的急剧增长、人类生存环境的恶化、陆地资源的消耗和海洋开发技术的进步，人类综合利用和开发海洋的意识与能力进一步增强，海洋地位急剧上升，海洋经济在国家经济大格局以及发展战略中扮演着越来越重要的角色，在越南尤其如此。这一特点在未来相当长的时间内都将会持续下去，如果南海诸岛归属格局没有任何改变的话。

三、紧扣南海主权归属主题

如本书在第三章提及其三大内涵特点的那样，越南的“海洋战略”始终是紧紧围绕着永久性霸占中国南海领海、攫取海上宝贵资源、防止所占岛屿遭到反抢而展开的。作为越南“海洋战略”中的一部分，越南在近年中所出台的每一项涉海军事方略、海上安全计划等，无论是秘密的还是公开的，都紧紧围绕着这一主题。为实施这些方针战略，越南在海上有计划、有步骤地展开了一系列的行动。这些行动足以表明越南的“海洋战略”是紧扣着霸占我南沙群岛、窥视我西沙群岛这一主题的。

（一）以海上“后占领”行动为例

围绕着“海洋战略”的推进与实施，越南已经成功地在所占岛

---

① David Tom: “*Vietnam and it's oil Resources*”, Far Eastern Economic Review, August 7, 2010.

屿完成了占领之后的一系列行动，打造了一定规模的海上"软实力"，对南海争端的其他国家产生了不可小觑的影响。从《至 2020 年越南海洋战略》《越南海洋法》中的核心内容以及越南政府、军方根据这一战略已经展开的一系列行动来看，"后占领"行动已经严重威胁到了中国的海洋权益和航海通道安全。

1. 海上"后占领"行动

我们结合事实，即根据本书第五章中有关越南"海洋战略"之基本态势的内容，以及越南最近所采取的一系列举动，对越南"后占领"行动的具体做法这一特点归纳为以下几个小点：

（1）设置了海上行政区划

自从非法占据了我南海岛屿、岛礁之后，越南政府一直不停地在南海海域设置行政区划，其中包括设置了所谓"长沙岛县""白龙岛县""昏果岛县""姑苏岛县"等，此后又策划了所谓的海上选区。2011 年 4—5 月间，越南在我南沙群岛上举行国会选举和地方人民委员会代表选举，并动用了船只前往岛屿组织岛上居民现场投票，可谓声势浩大，影响空前。2009 年 4 月，越南还公然任命"黄沙地区人民委员会主席"，妄图将触角伸向我西沙群岛。[①] 尽管这些举动无一例外地遭到我方的强烈抗议，但越南政府仍然我行我素，其目的就在于在争议海域宣示主权，形成它"属于"越南的一种既成事实。

（2）寻找所谓法理依据

在海上设置行政区划的同时，越南政府还努力寻找所谓"法理依据"，以使海上非法占领为"合法占有"。越共总书记农德孟在越共十届四中会全上对《至 2020 年越南海洋战略》的报告作总结发言时强调说："要发扬革命战斗精神，挖掘历史，及时补充、完善各种

① 吴士存：《南沙争端的起源与发展》，中国经济出版社，2010 年版，第 107 页。

涉海法律。”[①] 所谓“补充、完善各种涉海法律”可从两个层面来进行理解：首先，这是指要通过历史挖掘来发现补充有关我南海岛屿归属权的法律依据，妄图在历史上证明这些岛屿属于越南。事实上近年来，越南不断宣称发现了所谓最新的历史证据，表明“长沙群岛”（即我南沙群岛）、“黄沙群岛”（即我西沙群岛）自古以来就属于越南；其次，则是指各种海洋法律、各种法理行动，比如2009年5月越南与马来西亚联手向联合国大陆架界限委员会提交的“划界案”以及在遭到我反对之后单独提出的“划界案”等。但无论是哪一层面，都旨在企图使其对我南海岛屿、海域的非法占领在法理上变成合法。在2014年5月围绕我“981”石油平台的海上对峙事件之后，越南在这方面迈出了更大的步伐。

（3）组织了向海岛移民行动

在“海洋战略”的指导下，越南各地的沿海地方政府开始有计划地组织向我南沙群岛争议岛屿进行大规模的移民，并在移居之后的岛屿上普遍插上越南的国旗，打下国界界碑以彰显其为越南领土，造成既成事实。如本书第五章有关越南“海洋战略”的基本态势所论述，为诱导沿海居民长期生活在海岛，越南政府还不惜巨资加大投入的力度，于近年来极大改善了海上的居住环境和条件，添置了发电设备、照明设备和通讯设备，给予渔民大量的财政补贴。希望以不断改善岛屿上的生活设施的做法来留住移居的沿海居民，同时吸引更多的移民，意图将非法占领永久化，以不断加大中国在日后解决南海争端的难度。

（4）海上旅游热线实现常态化

从2004年底开始，越南旅游部门每年都要组织大批国内旅客前往所占岛屿观光旅游。近年来，随着条件的成熟，越南军方和旅游

---

① ［越］农德孟：“在越共十届四中全会闭幕式上的讲话”，载越南《人民报》2007年1月21日第1版。

部门联手推出了周末海岛游，将海岛游的活动扩大至每个双休日，实现了常态化。越南推出的海上旅游主要针对越南国内游客，它欲达到两大目的：一方面，以此来强化普通越南国民的海洋意识、主权意识，另一方面则获得旅游收益。根据越南“海洋战略”中提及的旅游部分，就海洋经济领域来说，海上旅游比石油开采等带来的污染更少，成本更低，效益却十分可观。发展海上旅游是其海洋发展与安全战略中海洋经济部分的重要一环。

（5）设置了海上精神信仰场所

2009年5月，在胡志明诞辰（1890年5月19日）纪念日之际，越共中央宣传部向南沙群岛的长沙岛县赠送了一尊重达150公斤的胡志明铜像，供岛上军民拜谒、凭吊，实则用于激发南海群岛上军民保卫国家主权的所谓“坚强意志”。此外，越南政府于2010年上半年在南沙的越占岛屿——长沙岛上设立了第一座佛教庙宇，这是迄今为止越南首次在所占海岛上设立宗教场所。越南政府宣称，这将“极大地方便来自世界各地的越侨回乡烧香拜佛、祭奠祖先”。[①]

2. 海上“后占领”行动的特点

越南在海上的“后占领”行动是一种类似于打造海上“软实力”的举动，即在越南政府自我感觉其自身的军事实力，尤其是海军力量还根本无法与中国强大的海军相抗衡的情况下，越南采取了先下手为强的另一种手段，即在所占岛屿及争议海域着力进行主权宣示、改善生活条件、修造简易工事，以打造一种海上的“软实力”。这一做法既可强化主权概念，企图将非法占有变成合法拥有，又在争议海域给其他各方在未来带来解决的难度。

它的特点可归纳为：首先，海上“后占领”行动是一项政治任务，有组织、有计划、有预案、有对策；其次，它启动早、谋划早，目标明确，任务明确，针对性强；第三，始终能够做到政令畅通，

① “长沙群岛设立第一座庙宇”，越南《青年报》2010年7月6日第7版。

统筹一盘棋，各部门、各行业全方位配合。当越南的军事实力还无力以大型军舰、新型潜艇或其他先进舰只出现在争议海域实施海上军事威慑的时候，这种悄悄打造出来的海上“软实力”已经占得了先机，正在发挥着不可替代的作用与影响。

通过上述论述，笔者认为，在南海争议海域，与加强海上军事实力的“硬实力”的力度及效果相比，越南在海上打造的“软实力”明显已经走在了前面，在越南国内外已经产生了根深蒂固的影响力，而就这一做法的效果而言，越南已经成功打造的海上软实力远远强于硬实力。这也是由越南自身的综合国力，尤其是海上军事实力有所欠缺所决定的。

（二）以海上“假想敌”为例

“软实力”先行，并不意味着越南放缓在所占岛屿上推行“硬实力”的建设进程。相反，随着国力的不断提升以及南海问题的日趋复杂，越南于近年来也明显加快了打造海上的“硬实力”的步伐。随着东盟安全一体化进程的临近及最终实现，越南所着力打造的海上“硬实力”的针对目标与假想敌实际上已经十分清晰地剑指中国。因此，利用海洋来保卫国家主权是越南“海洋战略”中的特点之一，而针对中国又是其紧紧围绕霸占中国南海岛屿、攫取南海资源战略考量中的另一个重要举措。

1. 目标锁定中国

尽管越南在其海洋战略中认定越南与其他国家（具体为五国六方[①]）存在着激烈而复杂的纷争，但在这些国家中，除中国（及中国台湾）外均为东盟成员国，而就争议面积、激烈程度和爆发的历史性事件（中越两次海战）而言，中国无疑首当其冲。因此，越南已经在内部将主要矛头所向及假想敌锁定为中国。越南所制订的海

① 因越南与印度尼西亚并没有海上权益纷争，因此越南认为它与五国六方存在海上权益争议。

上军事部署始终是围绕这一原则来展开的。对于如何与中国交往，越南已经熟练采用着两种完全不同的做法：一方面，越南在政治上寻求中国的支持，把中国作为其反对以美国为首的西方势力推行“和平演变”阴谋活动的同盟军，并在经济上与中国进行良性互动，依托于中国；而在另一方面，则在军事上对中国进行重点防范，迎合区域外大国对中国的遏制。美国最具影响的大报之一《华盛顿邮报》政治专栏作家约翰·庞弗雷特于2010年10月30日在该报以“历史性的转变：越南把中国当敌人”为题发表文章，认为“把中国等同于‘西方侵略者’，对越南军方来说是一种心理上的突破；而对北京来说，是一个令人担忧的消息”。[1]

2009年底，越南与俄罗斯两国领导人就越南从俄购买6艘“基洛”级常规动力攻击潜艇达成了协议，显然，越南海军意在组建一支新型潜艇部队。[2] 从2014年开始，这些“基洛”级潜艇陆续列装。这一步骤是越南打造海上硬实力的一个质的飞跃，此举意味着越南从此告别没有先进潜艇的历史（目前越南海军力量仅拥有用于特种作战的微型潜艇）。而它的假想敌不言而喻，是针对“地区某大国”——中国的。这在本书的其他章节中已有过阐述。

按照越南海军的设想，在南海中北部海域积极拓展防御空间的同时，必须将重点放在南海的南部海上战场，尤其是南海南部临近马六甲海峡入口方向，越南海军计划在那一带海域建立一个“潜艇伏击区”。一旦与“地区某大国”（中国）因南海岛礁主权和海域划界纠纷发生大规模海上武装冲突，而越海军在南海中北部遭受重创的话，将立即启动南部“潜艇伏击区”，封锁“某地区大国”南下进入马六甲海峡的航线。6艘“基洛”级柴电静音潜艇的购入，正是越南以中国海军为假想敌的潜艇战计划的核心部分。

---

① “金兰湾向外国海军开放受关注”，载《参考消息》2010年11月3日第15版。

② 海言：“越南加速购进先进装备 扩军威胁马六甲海峡”，新华网2009年5月21日。

时任越南人民军总政治局主任黎文勇2010年初在越南人民军成立65周年庆典期间接受媒体采访时公开表示，越南在采取和平外交手段解决国际争端，主要是南海争端的同时，也在加强本国军队的建设。他表示，和平时期是越南打造本国军队保卫国家安全的最佳时机。而更重要的是，越南发展本国军队并非出于战争目的，而只是为了确保自己在南海的“权益”，其他国家不用为此紧张。[①] 西方外交界人士分析认为，黎文勇所称的强军并非针对其他国家，言下之意即越南强军主要针对中国，其他（东盟或周边）国家不用紧张。在2014年5月发生了中越海上对峙之后，（越南）将矛头针对中国的做法几乎完全公开，“假想敌”变成了“真想敌”。

2. 不再是穷兵黩武

与1978年越南在刚刚完成统一百废待兴之际悍然出兵侵略柬埔寨、在中越边境挑起冲突不同的是，越南如今大规模发展海军军力，寻求对中国的海上局部优势不再是穷兵黩武的举动。自从革新开放以后，越南一直坚持国防与经济发展紧密结合的指导方针，长期以来一直强调两大战略任务，即巩固国防和发展经济，而经济的快速增长则又为军事现代化提供了强大的动力。因此，随着经济的发展，越南逐步加大了对国防建设的投资比重，并根据工业化、现代化的发展进程，逐步提高军队的现代化水平。

越南人民军总政治局主任黎文勇指出，越南军队的现代化将会与经济发展同步进行，而不再是外界所说的“穷兵黩武”。[②] 他说，经济发展势头越强劲，改善之后的军队及国防条件也就越优越。根据越南政府于2009年底发表的《越南国防政策》白皮书显示，越南人民军2008年的预算为10.46亿美元，占越南国内生产总值1.8%。

① 张涛：“越南借东盟力量在南海问题上逼中国就范”，载《国防时报》2010年1月10日第3版。

② 张涛：“越南借东盟力量在南海问题上逼中国就范”，载《国防时报》2010年1月10日第3版。

从这一比例对比其他国家，不难看出，越南的军费开支在国内生产总值中所占份额并没有超出绝大多数国家的水平，并非以绝大部分财力来发展军力。参见表7.4：

表7.4　1988—2008年中美俄德英法印韩八国军费开支占GDP比重①

单位:%

年度	印度	韩国	法国	德国	英国	美国	俄罗斯	中国（世行）	中国（官方）
1988	3.58	4.03	3.60	2.59	4.10	5.79	…	…	1.45
1989	3.53	3.89	3.50	2.48	3.96	5.59	23.39	2.68	1.48
1990	3.23	3.56	3.42	2.47	3.91	5.32	19.09	2.69	1.56
1991	2.99	3.31	3.43	2.18	4.05	4.71	…	2.48	1.52
1992	2.79	3.27	3.29	2.03	3.78	4.85	5.26	2.58	1.40
1993	2.91	3.17	3.30	1.86	3.25	4.51	5.25	2.09	1.21
1994	2.75	2.96	3.25	1.69	3.29	4.10	5.88	1.81	1.14
1995	2.65	2.78	3.04	1.63	3.00	3.80	4.42	1.73	1.05
1996	2.55	2.73	2.95	1.60	2.88	3.50	4.11	1.77	1.01
1997	2.72	2.67	2.90	1.54	2.67	3.35	4.48	1.66	1.03
1998	2.81	2.81	2.72	1.52	2.57	3.15	3.26	1.77	1.11
1999	3.06	2.52	2.67	1.52	2.47	3.05	3.42	1.84	1.20
2000	3.05	2.40	2.55	1.48	2.43	3.09	3.71	1.83	1.22
2001	3.02	2.38	2.48	1.45	2.45	3.10	4.08	2.01	1.32
2002	2.92	2.27	2.50	1.45	2.51	3.42	4.34	2.13	1.42
2003	2.76	2.28	2.55	1.44	2.57	3.81	4.29	2.08	1.40
2004	2.91	2.29	2.57	1.38	2.49	4.00	3.85	2.05	1.38
2005	2.82	2.43	2.46	1.36	2.46	4.07	3.73	2.01	1.35
2006	2.60	2.44	2.40	1.31	2.40	4.02	3.60	2.05	1.41
2007	2.47	2.43	2.34	1.28	2.38	4.05	3.47	1.96	1.38
2008	2.41	2.60	2.30	1.28	2.47	2.48	3.58	1.96	1.31

资料来源：世界银行发展数据库、中国国家统计局，制作：北海居。

① 数据来源：中国国家统计局：http：//www.stats.gov.cn/was40/gjtjj_ outline.jsp。

此外，2008 年越南的 GDP 增长率为 6.23%，尽管低于此前因金融危机而已经调低了的 7% 的计划目标（原目标为 8.5%），但仍在东南亚国家中名列前茅。2008 年的人均 GDP 首次突破了 1000 美元，达到 1024 美元，高于 2007 年时的人均 833 美元。[①] 2011 年则达到了 1300 美元。到越共“十二大”召开时已经突破 2000 美元。

显然，海洋经济的迅猛发展不仅给越南的整个国民经济带来了巨大的动力和活力，而且还因此极大地提升了越南的军事实力，使其有能力来推行军事改革，实现军队建设的现代化和正规化。因此，越南如今已经拥有一定的经济基础来提升军事实力，推动海军现代化步伐，以应对其“北方邻国”——中国。当越南不再受困于经济来发展军力，尤其是发展针对性极强的海上实力的时候，这将对其他周边国家，尤其是中国带来最直接、最明显的影响。

（三）以“3.14”海战教训为例

1988 年 3 月 14 日，中越两国海军在南沙的赤瓜礁爆发了一场海战。这场战斗以越军丢盔卸甲以及失去对赤瓜礁的控制而告终。这场海上冲突的失利给了越南政府和军方沉痛的教训。越南军方意识到如果要避免类似的失败，在未来的海战中立于不败之地，就必须“要有应对海上一切突发事件的准备”。[②]

这一海战给越军留下的教训是：（1）必须拥有一支具备一定规模和实力的海上军事力量。越南军方认为，在 20 多年前的海战中越军之所以溃败，就在于“实力悬殊”“舰艇陈旧”以及“火力不足”。[③] 当年的战斗中，越军“604”号运输船和“505”号登陆舰被击成重伤，9 名企图登陆的越军士兵被俘，而我方仅一人受轻伤。

---

① 越南国家统计局国家财产统计司于 2009 年公布的数据，http://www.gso.gov.vn/default.aspx?tabid=217。

② ［越］海兴：“对我国海军发展的进一步反思”，载越南《全民国防》杂志 2008 年 4 月号。

③ ［越］范雄：“越南海军，从成长到壮大”，载越南《海军杂志》2003 年 4 月期。

（2）必须根据国情特点首先打造出海上的“软实力”，并且让其充分发挥作用；（3）在经略海洋时，海上的软硬两方面的实力必须得到同步提升，形成最强的合力，以全方位、多渠道的方式应对中国在南海的“扩张”；（4）排除一切幻想，时刻做好海上新战斗的准备。

如前文所述，越南已经成功地在所占岛屿打造出了某些“软实力”，海军的实力也得到了提升；同时，一个以海军为基础的海上全民国防体系也已经成型。在越南国防部于2009年12月出台的《越南国防政策》白皮书中，出现了明显的变化，首次明确了“不排除以武力手段来保卫海上主权”的新国防思想。

在吸取“3.14”海战失败教训的基础上，越南政府痛定思痛，及时而有效地调整了军事战略，将重点放在海上，以发展自己的海军力量来带动新的军事变革。20多年来，越南军方一直并仍在打造一种强势海军，并取得了明显的进步，以达到形成针对中国海军的海上局部优势的目的。

作为必须吸取的教训之一，在实施“海洋战略”的过程中，越南始终清醒地意识到海上主权存在激烈而棘手的纷争，同时对海洋权益之争在未来的复杂性、艰巨性保持着十分清醒的头脑。越南学界在对其海洋战略的解读中认为，越南的“海洋战略”是在近年来海上主权纷争、海洋权益争夺日益棘手、复杂的情况下制订并实施的，必须承认围绕海上主权归属存在着激烈的争议，并面对这一事实。越南著名海洋问题学者刘文利认为：“这（海上主权之争）是一个非常显著的特点，它对我国海上工业化、现代化及陆地工业化、现代化的进程有着牵一发而动全身的影响力。”① 同时指出：“如何应对并解决海上冲突、纷争是向我们提出的一个严峻问题，这一问

---

① ［越］刘文利：《越南在东海争端中的历史依据与法律立场》，越南事实出版社，2008年版，第129页。

题正变得日益复杂，影响重大。”越南海洋学家阮庭天在媒体上撰文分析越南的海洋战略时提到：“我国是在与周边拥有海洋的国家和地区的海上争端日趋加剧的情况下，实施我国的海洋战略的，这是一个相当显著的特点，它甚至制约着我国工业化、现代化的发展进程。因此，解决海上争端、冲突是目前面临的头号问题。”①

除了意识到存在着激烈的海上主权之争之外，对于解决争端的前景，越南学界及官方的观点基本一致，即认定如果以和平的手段，即通过（越方）主动让步、撤离所占岛屿等解决纷争，这是不可能实现的，因为这不仅事关国家的主权与尊严，而且还关系到国家的利益、经济发展的动力。越南学者范辞基认为：“解决海上争端是越南目前所面临的头等重要的问题，且激烈程度与日俱增，而基本态势是难以彻底解决，因为各方开出的条件根本无法达成妥协。”② 越南官方也已经意识到这些海上主权纷争在今后“难以彻底解决”。因此，在未来，必须“既合作又竞争”，有效保卫自己的主权。阮庭天在他的文章中指出解决好海上争端是合作的前提，在这一过程中“必须学会既合作又竞争”。③ 在越共中央宣传委员会所出版的旨在分析越南海洋发展与安全战略的读本《越南发展海洋经济、保卫海洋、岛屿主权》一书中的总论部分强调，“必须承认东海（即我南海）海域存在着激烈的领海纷争……”④ 该书还称“对于黄沙群岛（即我西沙群岛），中国与我存在着主权之争，且中国自从1974年便非法占领该群岛；而对于长沙群岛（即我南沙群岛），现共有五国六方存在主权争议，除了越南之外还有中国（及中国台湾）、马来西

---

① ［越］阮庭天：“关于‘至2020年越南海洋战略’”，载越南《光芒》杂志2007年第4期。

② ［越］潘辞基：《我国的油气业发展》，越南科学技术出版社，2006年版，第99页。

③ ［越］阮庭天：“关于‘至2020年越南海洋战略’”，载《光芒》杂志2007年第4期。

④ ［越］中央宣传教育委员会：《发展海上经济与保卫越南岛屿、海上主权》，国家政治出版社，2008年版，第27页。

亚、菲律宾以及文莱，局势错综复杂，形势异常严峻”。[①] 对于如何解决争议、尤其是涉海油气资源的开采、渔业捕捞争端等，越南近年来出版的几乎所有对其海洋战略解读的报告或书籍、理论性文章等都毫无例外地归纳认为“存在困难”“形势严峻。”[②] 2009 年 11 月，越南官方在河内组织了一次有关南海问题的大型国际学术研讨会，在会上，越南国内外的许多专家学者几乎一致认为南海形势十分复杂，并预测称南海争端可能还会持续数十年之久。

由此可见，越南官方及学术界均承认中越之间存在着海上日益激烈的主权之争、海洋资源之争，同时意识到这一问题牵一发而动全身，并且难以彻底解决，彰显出了越南“海洋战略”是紧紧围绕着侵占我南海海域、侵犯我主权而进行的。这是其最大的特点之一。因为从逻辑关系上来说，只有在充分而清醒地认识到存在着这样的海上激烈纷争的情况下，才能采取与之相对应的对策，并使这些对策具有依据与可操作性。这也充分表明越南的“海洋战略”与一般国家的海洋战略所存在的不同之处。

四、 内涵不断丰富的动态战略

除了战略内容本身所呈现出的一系列显著特点之外，越南海洋这一战略还具有一个非常鲜明的特点，这就是这一战略是一个动态性的战略，是一个始终保持着与时俱进的战略。因为它并不是一成不变的，并不是固定的充满教条主义的条条框框式的内容，而是宽泛的，不断得到补充、提升和完善的。本书在第三章中对越南海洋战略的三大内涵的论述中已经提及了这一点，但本节的侧重点则在

---

① ［越］中央宣传教育委员会：《发展海上经济与保卫越南岛屿、海上主权》，国家政治出版社，2008 年版，第 31 页。

② ［越］阮明海：《有关长沙、黄沙群岛的纷争与法律问题》，越南教育出版社，2010 年版，第 15—17 页。

于因海洋空间的变化所导致的越南民间对海洋认知观念的变迁。因为随着《联合国海洋法公约》的正式生效，越南的海洋国土猛增了100多万平方公里，海洋空间的这一变化必然会导致人们在观念上的不断改变。此为主观意义上的改变，是思维理念上的变化。

就客观条件的变化而言，这一战略会根据国际环境的不断变化、海洋状况的演变、双边与多边关系的调整以及越南自身实力的改变而及时进行调整、修订和补充，否则不仅不切实际，难以实现，而且还会影响到其大国家战略的实施。正如本论文在第二章提及越南“海洋战略”的形成过程所表明，越南的“海洋战略”是一步步形成并完善的。

以近几年来的事实与实践为例。时任越南总理阮晋勇于2009年2月签署第18号决定（18/2009/QD - TTg），批准了《至2020年暹罗湾越南海域及沿海发展规划》，决定由北向南形成从最北端的芒街到南方的河仙（Ha Tien）的沿海经济圈。[①] 2010年5月又批准了两项重要文件，分别是《至2020年越南岛屿经济发展规划》和《至2020年越南海洋自然保护区体系规划》。前者的具体目标包括海岛经济应加大比重；而后一个文件则决定设立16个海洋自然保护区，于2010年至2015年期间将建成并投入试运行，至2020年全面运作。[②] 2013年1月又批准了《至2020年、面向2030年越南旅游发展总体规划》。同年，越南政府还批准了96/2013/ND - CP号决议规定，将“海警局”改为“海警司令部”[③]。这些均可视为是对越南“海洋战略”的一种再补充、再完善。

2009年11月，越南国会通过法案，批准组建海上民兵自卫队，保卫其海洋领土。越南人民军总参谋长阮克研在越南网（Vietnam-

---

① “越南制订西部沿海发展战略”，载越南《人民报》2009年2月6日。

② 《越南共产党电子报》网络版：“越南规划建设16个海洋自然保护区”，2010年5月30日，www_ cpv_ org_ vn-#DqppssIPn6Zr. htm30 - 5 - 2010。

③ 古小松主编：《越南报告（2013—2014）》，世界知识出版社，2014年版，第248页。

Net）上表示，“在和平时期，海上民兵自卫队可以参与海洋救援工作或者国家要求的其他工作。只有在战争爆发时他们才会被武装成为战斗力量。”① 显然，组建海上民兵自卫队的做法是为了应对当前的海上形势而作出的一项决定，它也可视为是海洋战略中的补充内容。此外，越南国防部于2009年底所公布的《越南国防政策》白皮书中涉及到领海主权的部分也同样可认定是“海洋战略”的内容补充。在剖析这部《越南国防政策》白皮书涉及我南海的局势时，越南国防部副部长阮志咏解释说：“东海（即我南海——作者注）主权之争正对越南国防构成严峻的挑战。”他也强调了不排除以武力方式“保卫”对南海地区主权的可能。与上一部《国防白皮书》中涉及南海争端的内容相比，不难看出，越南官方已经十分明显地根据南海局势的变化和国际环境的改变而作出了新的定位与表述。②

为便于说明和验证，作者将近几年来越南所出台的可视为是对海洋发展与安全战略的一些补充性内容进行大致罗列（囿于条件限制，越南出台的涉及海上安全的秘密文件无法罗列），参见表7.5。

表7.5　越南海洋发展与安全战略的补充内容

文件、决议或规定的出台时间	名称	核心内容及目的
2009年2月	越南总理签发第18号决定（18/2009/QD－TTg），批准《至2020年暹罗湾越南海域及沿海发展规划》	规划的目标是将该海域和沿海地区发展成富有活力的经济地区，自北向南形成从芒街到河仙（Ha Tien）的沿海经济圈
2009年11月	关于组建海上民兵的决定	应对海上形势复杂化的趋势

① 高友斌：“越南将组建海上民兵，保卫海洋权益”，载《环球时报》2009年11月23日第5版。

② 迄今为止越南共出台了三份《国防白皮书》，只有2009年12月发布的这一份明确表明“不排除以武力‘保卫’海上主权”的立场。

续表

文件、决议或规定的出台时间	名称	核心内容及目的
2009 年 12 月 8 日	公布《越南国防白皮书》	强调南海局势日益严峻，不排除以武力保卫领海
2010 年 5 月 6 日	越南总理签署《至 2020 年越南岛屿经济发展规划》	力争使海岛经济为全国经济作贡献，从目前的 0.2% 上升至 2020 年的 0.5%，并使海岛经济年均增幅达 14%—15%
2010 年 5 月 20 日	越南总理签署《至 2020 年越南海洋自然保护区体系规划》	设立 16 个海洋自然保护区
2010 年 7 月 8 日	旅游业制订越南旅游 2011 年至 2020 年阶段发展战略及 2030 年展望	至 2020 年旅游业达到国内生产总值 8%，其中包括海上旅游
2013 年 1 月	146/2013/ND－CP：领海交通分流	越南领海内的航线及领海内交通分流
2013 年 6 月	162/2013/ND－CP：领海行政处罚	越南海域、岛屿和大陆架上行政处罚规定
2013 年 11 月	政府总理签发：96/2013/ND－CP：海警局改革	海警局改为“海警司令部”

尤其是在中越围绕我“981”石油平台出现了激烈的海上对峙之后，越南出台了一系列旨在巩固海上既得利益的政策、法规和决定，成为其海洋战略中的重要补充。可以预见，在未来，越南的“海洋战略”还将会随着国际环境的改变、海洋状况的变化以及越南自身实力的提升而不断作出调整，以适应于现实、适应于形势。作为研究者，应密切关注越南在这方面的变化与调整，只有这样才能完整地掌握这一战略的动态式发展，并准确预测其未来的发展动向。

第二节　越南推行“海洋战略”的目的

通过以上针对越南“海洋战略”的基本特征所进行的分析，我们一言以蔽之：越南政府所推行的“海洋战略”其本身就是一个以海洋经济与海上扩张并重，攫取海洋权益与形成海上防御同步，旨在打造以海洋强国为目标的具有大国家战略性质或与为其服务的战略，推行这一战略具有以下主要目的。

一、　非法永久占有中国的南沙群岛

越南实施“海洋战略”旨在继续非法占有我国的南沙群岛，并使之逐渐成为一种既成事实，达到永久非法占有的目的。通过越南政府已经对“海洋战略”所进行的实践，可清晰地看出，非法占有我南沙岛屿、岛礁及领海，攫取丰富的海洋资源一直是越南“海洋战略”中的最主要的目标，同时也是其海洋强国梦中的最重要的组成部分，这在前文中也已经清晰地提及了这一点。与周边其他南海争端国家相比，越南对我岛屿的侵占不仅起步早、行动早、规划早，而且有组织、有计划、有对策，显示出其长期的打算和坚定的决心。正如本书在第三章以及本章第一节中所指出的，与其他国家的海洋战略所不同的是，越南的“海洋战略”实际上就是紧紧围绕侵占我南沙群岛、窥视西沙群岛，不断蚕食我海洋资源这个主题来展开的，并在这一主题下尽可能多地从我南海获取经济上的利益，同时还围绕这一主题做好了在未来应对海上主权之争、海洋权益之争的一切准备，包括军事斗争准备、外交斗争准备，并因此而设定了各种假想情况与各种可能。2012 年越南国会所通过的《越南海洋法》又进一步将南沙、西沙领域以立法的方式全部划归其版图之中。

越南学者刘文利曾在其《越南：陆地、海洋、天空》一书中的结束语中这样描述："卫国，即维护民族独立和领土主权，捍卫每一寸国土和东海（即我南海）的每一处珊瑚礁滩。"[①] 近年来，越南国家领导人在提及海洋问题时总是不忘强调海上的所谓"神圣主权"，调门越来越高，语气也越来越强硬。[②] 而在发生了围绕我"981"石油平台的海上对峙事件之后，越南政界和舆论间更是变本加厉。可见，试图永久性地非法占有我南海岛屿几乎已经成为越南决策层不可动摇的决心。

为了达到这一目的，越南政府一方面开动国家机器，动员专家学者积极进行所谓法理上的准备，寻找法律与历史依据，以证明南海海域、岛屿历来归越南所有，以此欺骗其国内外的舆论。在越南国内有一定影响的媒体如《青年人报》《劳动报》以及覆盖较广的网络媒体"越报网""越南新闻网"等半官方媒体隔三差五地以西沙群岛、南沙群岛主权纷争以及越南渔民被中国扣押等问题进行炒作，以此来激起越南国内民间的民族主义情绪，而越南共产党电子报等官方媒体则以所谓"正面形象"来报道与南沙群岛、西沙群岛有关的消息，比如对驻岛官兵歌功颂德、对所谓"烈士""英雄"的慰问以及报道对所谓南沙归属史实的挖掘和发现，以形成政府与民间的一种强烈"互动"。越南共产党电子报、越南《人民报》的网络版还特别开设了中文网，以此向中国读者辐射。同时，不断引发国际舆论的关注，试图使南海问题不断朝向国际化的方向发展，以从中渔利；另一方面，则先下手为强，在已经占有的争议海域有目的、有针对性地大做各种"文章"。如第五章中有关越南海洋战略的基本态势中所阐述，越南正在不断打造海上软、硬两方面的实力，

① ［越］刘文利著，韩裕家等译：《越南：陆地、海洋、天空》，军事谊文出版社，1992 年版，148 页。

② 成汉平："南海局势再度紧张的实质"，载《解放军国际关系学院报》2008 年第 2 期。

尤其是在硬实力还不足以抗衡“地区大国”[①] 的时候已经成功地打造了一系列海上“软实力”，大大增加南海问题的解决难度，其根本目的就是为达到永久性地非法占有我南海岛屿、岛礁和海域。因为占有了岛礁就意味着国土战略防御纵深的拓展与扩大以及无限海洋资源的攫取。

二、 提升本国综合国力

越南政府推行海洋战略的第二个目的旨在以此来提升综合国力，试图成为一个有影响力、有分量的区域大国。自 20 世纪 80 年代中期实行革新开放以来，越南在政治、经济、社会等方面都取得了长足发展，这刺激了其地区大国梦的膨胀，因此，争取成为东盟大国，在东盟内获得重要话语权成为其奋斗的重要目标。1995 年，越南与美国建交，2005 年越南加入了世界贸易组织（WTO），2007 年成为了联合国非常任理事国，2010 年担任东盟主席国，2013 年 1 月越南副外长黎良明出任东盟秘书长，越南的国际地位不断上升。随着国内经济的持续快速发展及不断融入国际经济体系，越南政府高层越来越认识到“面向大海是越南发展和融入国际经济的必然要求”[②]，简言之就是要把海洋经济作为一个重要的基础和强大的后盾，以此来快速提升综合国力，实现到 2020 年成为工业化、现代化国家的奋斗目标，同时达到成为一个区域大国的奋斗目的。“对于南海周边小国来说，争夺海上资源就是为了丰富的自然资源；对区域外大国来说，介入南海则是为了在全球的棋盘上争夺有利的位置。”[③] 正是其中巨大的经济利益和重要的军事战略地位，使得周边一些国家对此

---

① 越南通常以“地区大国”来暗指中国，其原文为：nước lớn khu vực。

② ［越］农德孟：在“十大”开幕式上的讲话，《越南共产党第十届中央全会文件汇编》，越南国家政治经济出版社，2006 年版，第 7 页。

③ 鞠海龙：《亚洲海权地缘格局论》，中国社会科学出版社，2007 年版，第 98 页。

垂涎三尺，极大地诱发了它们的民族利己主义。而对越南来说，既想获取丰富的自然资源，同时又渴望成为一个地区大国，能够做到两全齐美。因此，在越共十届四中全会上，越南以出台《至2020年海洋战略》对其海洋战略做了进一步的完善。这一战略制订了到2020年要把越南建设成为一个海洋强国的宏伟目标，将开发海洋和发展沿海地区经济以及海上防御提升到国家发展战略的高度，以充分利用南海的丰富资源，为越南经济社会的进一步发展提供动力，提升综合国力。

从2007年开始，世界遭遇了空前严重的能源危机（越南也不例外），原油价格持续暴涨。而由于南海诸岛拥有丰富的海底油气资源，一直对此垂涎三尺的越南政府加快了勘探、开采的步伐，以尽快将其占为己有，充分利用能源危机来获取经济回报，以缓解国内因此而受到的经济影响。一直以来越南就是一个油气资源十分贫瘠的国家，但正是由于在南海的勘探与成功开采使其一跃成为了一个油气资源丰富的国家，并从中尝到了甜头。在当今快速发展的时代，能源已经成为了许多国家的一项重要战略，但同时能源也成为发展的制约因素，对作为发展中国家越南来说这一切也不例外，但其特殊之处就在于：面对日益短缺、日益紧张的世界能源问题，来自海洋的资源却成为了越南政府倚重和国家经济发展的重要基础。越共十届四中全会还明确提出，通过《至2020年海洋战略》的实施，要努力使越南成为一个“海洋强国”，靠海致富，牢固捍卫国家海洋主权和权益，为国家保持稳定发展做贡献。

两个方面的事实充分证明了这一点：至2010年上半年止，越南的油气出口收入突破了1000亿美元大关，而依靠海洋经济的飞跃式发展，越南的人均国民收入于2008年历史性地突破了1000美元大关，越南也一举于2011年迈入了中等收入国家的行列；其次，越南的综合国力不断得到了明显提升，国内基础设施得到了进一步的改善，继越南的首颗人造卫星、用于通信的“Vinasat一号”于2008

年4月在法属圭亚那发射成功，并成为东盟十国中第六个成功发射卫星的国家之后，越南政府又签署了新的发射合同，未来将由阿里安航空公司为越南邮政电信集团（VNPT）发射更多的“VINSAT-2”系列卫星，该卫星由洛·马公司负责建造。[①] 越南还计划在河内和胡志明市建造地铁，其中胡志明市的地铁工程已经于2011年动工。2015年，越南政府宣布，越南计划于2020建成南北高铁，形成通勤式快速列车[②]。此外，越南还于近年分别与美国、俄罗斯就核能合作展开谈判，一心渴望成为国际核俱乐部中的一员。在俄罗斯的协助下，越南的第一个核电站计划于2020年正式投入运营[③]。

依靠经济实力的不断提升，越南的地区大国的奋斗目标也得到了充分的体现。越南利用2010年担任东盟轮值主席的机会，做足了文章，除了于当年10月将东盟峰会历史上第一次搬到了美国华盛顿举行、吸引了大国的重视之外，还在东盟历史上首次举办了东盟国防部长扩大会议（即“10+8”会议），将美国、中国等国的国防部长请到了河内，越南在国际政治外交舞台上的影响力得到了进一步提升。

三、 拓展陆地防御纵深

越南有一半领土沿海、濒临海洋，地形结构南北狭长，呈一个“S”形状，这样的地理地貌特点决定了其国土战略纵深极浅。站在地缘战略的角度来看，一旦爆发战争极易被对方拦腰截断，容易被分而占之，陷入被动挨打的状态之中。因此，越南在陆地国土的安

① “阿里安”-5运载火箭将发射第二颗越南电信卫星，中国国防科技网2010年6月17日：http：//www.81tech.com/2010/0617/26755.html。

② “越南计划修建一条从河内到胡志明市的高铁”，据中商情报网：http：//www.askci.com/news/2015/03/10/164317ne7b.shtml。

③ “俄罗斯总理梅德韦捷夫将正式访问越南”，据2015年3月30日越南越报网：file：///H：/Thủ%20tướng%20Nga%20Dmitry%20Medvedev%20sắp%20thăm%20Việt%20Nam.htm。

全防御上缺乏一定纵深的有效保护。

相比之下，在沿海的海岸线过长，保卫领土安全的难度很大的不利情况下，如果能够在南海侵占尽量多的岛礁，将防御重心前移，把重心放在沿海地区的近海岛礁上，就可以在海洋上形成第一道防线，并以海岛作为天然的屏障，实现“拒敌于国门之外”的战略梦想。《海防安全论》一书的作者王传友认为，“作为沿海国家而言，自从有了外来侵略，国家安全的威胁主要来自于海上，沿海地区处在反对侵略的最前线。”① 越南一共拥有3000多大小岛屿，多数集中分布于北部湾，总面积达到1700平方公里，② 因此一旦充分利用，再加上海上军力的提升，将会构成一个巨大的天然屏障，形成海上防线。这在本书第五章有关越南“海洋战略”的基本态势中已经做了论述。

在越南抗美救国战争期间，针对美军飞机的轰炸和偷袭，北越政府“借用”我白龙尾岛所起到的预警作用更使越南战略家们意识到近海岛屿的战略价值。“越南不断成功地将防御向外海拓展，就等同于占据了一个战略制高点。”③ 在《至2020年海洋战略》中的引言部分，还特别提到：“在建设和保卫祖国的事业中，海洋具有极其重要的作用，扮演着重要角色。它（海洋）与经济发展、保卫国防息息相关。”④ 可见，海洋、海岛在越南国防中被赋予了十分重要的防御作用，大大弥补了陆地防御纵深过浅的战略缺陷。

就具体实践而言，在越南海军于20世纪七八十年代侵占了我国南沙群岛中的20多个岛礁之后，其实际控制的面积已经达到了东西宽约570海里，南北长约380海里的宽阔海域，这一结果致使其海

---

① 王传友：《海防安全论》，海军出版社，2007年版，第133页。

② 越南教育部：《越南地理》，越南教育出版社，2007年版，第76页。

③ 转引自成汉平：“越南海洋安全战略与我对策”，载《世界经济与政治论坛》2011年第3期。

④ 越语原文为：biển đóng vai trò lớn trong việc bảo đảm quốc phòng，an ninh và bảo vệ Tổ quốc；nó gắn bó chặt chẽ với sự phát triển kinh tế và quốc phòng。

上防御纵深为其本土宽度的1.7倍，为其最窄处的20多倍。按照越南军方制订的“积极防御”的思路，依托越南南部“S”形海岸线与星罗棋布的南沙侵占岛屿，将构成一个相对完整的海上防御体系，形成海上屏障，从而能够在海上首先抵御住本区域内的其他国家强势海军，实现防线前移的战略目的。

为了贯彻“积极防御”和“全民国防”这两大战略，近年来，越南积极贯彻质量建军方针，调整军事战略，压缩传统的陆军，把海空军作为优先发展的军种，通过“向海洋要纵深”的战略思想积极拓展防御纵深，同时加速海空军以及军港海岸的建设，打造出了具有越南特色、符合越南本国海防特点的海上防御体系。

四、 迎合国内民族主义

在越南国内，有一股强大的民族主义势力对中越两国于1999年12月30日所签订的《中越两国陆地边界条约》一直持反对立场，甚至在私下认为越南政府有“卖国”之嫌，并强烈要求公开条约中的所有内容，少数国会议员甚至指责越南政府在这一条约中因愧对于人民而不敢公开条约（内容）。[①] 由于民族主义情绪高涨，越南国会一度拒绝通过中越两国政府所签订的这一边界条约，这使越南政府承受着巨大的政治压力。

因此，越南政府提出了“海洋战略”，并在我南海问题上采取强硬态度，加快宣示在已占领岛礁的“主权”，以使其侵占的岛礁“合法化”的做法，也有迎合这股民族主义情绪之意，以缓解在有关《中越两国陆地边界条约》上所遭受到的政治与民族主义压力，并将视线由陆上转移到海上来。我国国内两位专家瞿健文、张开林也提出了类似的观点，他们认为越南大力推行其海洋战略以求弥补其陆

---

① 成汉平：“南海问题与中越关系新动向”，载《东南亚之窗》2009年第1期。

地边界上的“损失”。[①] 2007 年 11 月，当我国拟在南海海域设立三沙市（县级）时（管辖南沙群岛和西沙群岛中的大部分岛屿），越南外交部立即对此表示抗议，越南媒体口径一致齐声谴责，而在越南民间，越南大学生、社会青年及其他各阶层人士则有计划、有组织地围攻我驻越南使领馆，高呼“打倒中国”“越南万岁”等激进口号，声称为了主权要与中国不惜一战。国际舆论评论认为，作为对游行示威控制得很严的越南，如此大规模的抗议行动，并不惜破坏中越关系，其中必有政府的影子。泰国首席越南问题观察家谭雅蒂教授向《亚洲周刊》表示：“除非河内当局默许授意，任何越南老百姓绝不可能随意街头活动的。”她据此推测这可能是经济崛起的越南为防止北方的中国势力扩张至东南亚各地，而利用中国设立三沙市的“小插曲”大做文章，谋取某种政治外交目的。[②] 在2003 年，越南政府曾破例允许数百名学生抗议以美国为首的联军向伊拉克发动军事行动，但并不过激。之后，再也没有发生过前往外国使馆发动大规模抗议的情况发生，而唯有这一次在中国大使馆前出现了大规模的长期的抗议，甚至称得上是围困。

我国越南问题专家、时任驻越南大使馆一等秘书的于向东教授也认为，没有政府的批准、暗中策划与组织，针对中国使领馆的抗议示威，不可能产生如此大的规模，不可能持续如此长的时间。[③] 在2010 年 10 月于河南省郑州大学举行的中越关系研讨会上，曾任驻越南大使胡乾文一针见血地指出，越南社会稳定，民众对现实比较知足，个人的幸福指数始终名列世界前茅，因此一旦政府有号召或暗示，民间必定会一呼百应、积极响应，尤其是涉及到事关民族主义

① 瞿健文、张开林：“透视近期越南在南海的新举动”，载《世界知识》2006 年第 18 期。

② 刘振廷：“中越南海领土主权纷争背后”，载《亚洲周刊》2007 年第 50 期（2007 年 12 月 23 日出版）。

③ 于向东：“越南海洋政策与中越关系”，载《中国东南亚研究通讯》2010 年第 2 期。

情绪的南海岛屿归属问题[①]。2011年4月12—15日，我国中央军委代表团首次访问了越南，这是我军第一次以中央军委的名义组团访问越南。可是该代表团刚刚离开越南不久，越南政府便紧接着于4月18日组织了54个民族组成的庞大代表团参观访问南沙群岛中的8个岛屿，又是给烈士纪念碑扫墓，又是参观岛上寺庙，声势浩大，企图抵消因接待中国高级军事代表团所产生影响的政治意图十分明显，而此举意在迎合越南国内的民族主义及反华势力。在2014年5月发生了中越海上对峙事件之后，时任越南总理阮晋勇更是露骨地宣称要将南沙群岛、西沙群岛写入到宪法之中，以此来取悦越南国内的民族主义。2012年6月，《越南海洋法》的高调通过恰恰是越南在海洋权益问题上极端民族主义登峰造极的体现。

因此，基于上述种种分析，笔者认为这实际上有力地证明了越南政府也有利用推行海洋发展战略来迎合其国内这种因对陆地边界条约不满而滋生的民族主义情绪之考虑。对越南政府来说，在南海问题上采取攻势可以迎合国内的民族主义情绪，而目的则在于转移其国内民众对经济现状强烈不满的视线，又可回击越南部分反华学者以及网友们对政府对华软弱的抨击，同时还能将越南国家领导人塑造成坚定的爱国主义者。[②] 这便是学界所称的“祸水北移”的做法。

① “胡乾文在越南历史与中越关系回顾研讨会上的发言”，载《中国东南亚研究通讯》2010年第2期简讯。

② 成汉平：“越南海洋法出台、实施的背景及对我影响”，载《世界经济与政治论坛》2013年第1期。

第三节 越南推行“海洋战略”的影响与意义

越南“海洋战略”既是对其长期海洋活动和政策的理性总结与高度提升，也是其海洋经济战略在理论意义和文本形式上的新发展，[①] 从而成为指导今后一个时期越南海洋事业发展的全面海洋战略。它在政治、经济及军事和社会方面都具有深远的影响和重要的意义。

一、政治意义：圆海洋强国梦

按照越南官方的解释，越南“海洋战略”的制订与实施是越南政府历史上第一次将海洋发展与海洋安全置于一个战略的高度和政治的高度，并在党的中央全会上以决议的形式列入中央文件之中，足可看出其对海洋发展与海洋安全的重视程度。它体现出了越南领导人的政治决心。正如越共中央委员、中央思想文化部部长何登在他的文章《发展海洋经济和保卫祖国海域、海岛中的若干思想工作问题》中所强调的那样：“成为一个海洋强国是我国的战略目标，它是以建设和保卫祖国事业的要求和客观条件出发的。这一观点必须在各级、各行各业及每一个干部、党员和群众中成为潜意识、决心和意向。”[②]

而越南《至2020年海洋战略》计划提案负责人之一、越南计划投资部发展战略院综合司司长裴春胜则突出地提到了这一战略所包

① 于向东：“越南全面海洋战略述略”，载《当代亚太》2008年第4期。

② ［越］何登：“发展海洋经济和保卫祖国海域、海岛中的若干思想工作问题”，载越南《共产主义杂志》2007年第5期。

含的政治含义，在越共“十大”之前当该战略还处于起草的过程中他便明确地表示：“我们已体现了很清楚的政治决心，我相信此次会议结束后，我们将制定有关海洋战略的一系列重大决策，将集中开采、开发具有优势的经济行业如石油加工、海洋旅游、航海经济、海产开采等。”[①] 可见，发展海洋经济、确保海上主权已经成为越南自上至下的一项重要的政治任务，它具有重要的政治意义。

我们同时也从中看出，越南作为一个传统的农业国，能够如此深刻、广泛地认识海洋、利用海洋，不能不说这是越南政府重新认识生存空间，摆脱囿于土地生活的观念上和行动上的一次大飞跃，这些认识以及在这一认识基础上付诸的行动将为越南面向海洋，特别是面向21世纪的海洋世纪，梦圆“海洋强国”打下良好的基础。

总之，党的中央全会将海洋战略作为主要内容进行专题研究，同时由国会表决通过《越南海洋法》，足以表明这一“战略”的制订已不再是国家有关机构、部门的行为，其本身的范畴也不再仅仅局限于海洋经济的领域，而是成为体现党和国家意志，面向海洋、面向未来的重大发展战略，具有相当明确的政治高度，也具有很强的政治意义，它能够使越南实施“海洋强国”的战略目标更加明确。

二、 经济意义：改变国家经济性质

单纯从经济的角度来分析，如果越南政府能够一如预期地那样在2020年使海洋经济占国内生产总值（GDP）的53%—55%，并使海洋经济占国家整个出口总额的55%—60%，那么这就意味着海洋经济将能够占据越南国家经济能力的半壁江山，从而成为越南的核心产业中的一个支柱产生，对其综合国力的提升、社会发展起着决

---

① ［越］裴春胜：“越南将重点发展海洋经济”，载越南《越南共产党电子报》2007年1月17日。

定性的影响力。

根据越南政府先后通过的《油气法》《油气法修订案》及《至2020年越南海洋战略》以及相关文件中所涉及到的经济奋斗目标，在2020年之前，越南经济领域的最主要、最重要的增长点仍然集中于海洋经济，即充分寄希望于海洋资源的开发，其中大规模开采海洋油气资源、渔业资源以及开发海上旅游为主要内容，海洋经济必须占国家出口总额的55%—60%，占国内生产总值（GDP）53%—55%。这一比例已经远远超过了其他任何一个经济领域。

如本章第一节所言，越南政府之所以将“海洋战略”的时间界定为2020年（《至2020年越南海洋战略》），是因为它与越南的大国家战略，即与越南工业化、现代化国家的奋斗目标的实现时间相吻合——越南政府计划在2020年将本国建设成为一个现代化、工业化的新型国家，并且两者之间相互联系和影响。如果两者能够同步实现上述各自目标，那么这在越南经济领域将产生深远的影响。因为这意味着随着海洋经济富有成效的快速发展，越南国家经济的性质已经产生了质的变化：越南将从一个传统的落后的农业国摇身变成为一个以石油、天然气产业为龙头的以工业加工以主的国家——其标志是海洋经济的比重已经远远超过了50%，成为第一大经济领域，工业化国家的战略目标逐步得到实现；其次，国家经济中的主体也随之发生改变，海洋经济将在整个国民经济中具有最举足轻重的影响力，同时它还将对整个国家的未来发展有着牵一发而动全身的重大影响力。

三、 军事意义：体现双重功能

从军事的角度来说，越南对我国南海海洋资源的掠夺性开发和利用（包括军事上的利用）对于越南军方来说具有保卫海上国防及扩张海域这两方面的军事功能，这是越南“海洋战略”中涉及到海

洋安全部分的重点内容。越南的“海洋战略”中涉及到海洋安全部分的核心内容，归纳起来说就是：发展海上“全民国防”“人民战争”阵式的综合力量，在发展海洋经济的同时捍卫海上领土主权，巩固现有成果，逐步实施海域扩张。根据越南国内政界及学者的观点，这些能够组成“全民国防”和“人民战争”阵式的综合力量主要包括：用于开拓海洋经济的各种民间力量，其中包括捕捞海产的渔民群体、海上及海岸运输机构、为石油天然气及航海服务的各种力量，甚至还包括那些与海上水文气象、航标灯塔、码头及科研、民用工程建设有关的一系列科技力量，及管理海域生态的力量。最后一种，也是最重要的一种力量则直接与军事武装或准军事武装有关，即海上、岛上和沿海的自卫队、海军部队、边防部队、沿海各地方部队，而人民海军部队则是其中的核心。[①] 实践表明，这些海上“综合力量”如今在海上的半军事或准军事功能已经初步形成，它们在涉海军事作用中的双重功能体现得淋漓尽致，尤其是2014年5月中越海上对峙期间更是如此。在《越南海洋法》于2012年6月出台之际，越南军方的苏－27战机首次从中部的空军基地起飞，直接威胁到了我南沙群岛上的永暑礁，这是试探，也是挑衅。苏－27战斗机是由苏联制造的双发全天候重型战斗机，巡航速度达每小时1348公里，作战半径1500公里，具有机动性和敏捷性好、巡航时间长等特点，越南从其中部的军事基地起飞，可将其战斗范围覆盖到我南沙的永暑礁等岛屿和领海。前越共中央总书记杜梅曾说：“为捍卫我们的主权、国家利益和海上自然资源，我们必须增强我们的防御能力。海洋、海岛既是我们保卫海洋经济的天然屏障，又是一块面向大洋的跳板。”[②] 身为前越共总书记的杜梅的这番话正是对海洋战略中所体现出的军事功能的高度概括。他在文章中所称的“跳板”，显

① 转引自李开盛：“越南南沙政策剖析”，载《21世纪国际评论》2007年第1期。
② 杜梅：“越南海洋的巨大作用”，载越南《共产主义杂志》2006年第1期。

然是指进行海域扩张的跳板。

对于保卫海上国防和扩张海域这双重功能所要达到的目的，实为一个统一体。首先，正如本章第二节有关越南“海洋战略”的目的部分阐述，对海洋的军事利用在国防建设中可形成一种海上防御阵势，将防御由陆地国土转移至海上，建构海上防线；其次，在争端海域不断进行的扩张、蚕食，既可扩大国土的防御纵深，达到拒敌于海上的目的，也可获取更多的海洋利益，包括战略上的利益。

显然，海上安全与海洋经济是越南“海洋战略”中并重的不可或缺的两大组成部分，这在本书的第一章已经充分论述。而海洋经济的发展则将反过来为海上国防建设、海上安全提供财力和保障。

四、 社会意义：解决民生问题

越南仍然是一个发展中国家，长期以来一直存在的“国穷民富”[①] 以及社会两极分化的现象仍然比较明显，对于这一点，越南党和国家领导人有着清醒的认识。由于长期受战争的影响和观念上的滞后，越南的国内基础设施依旧落后，民众生活水平呈现两极分化，社会失业率较高，随着大专院校的入学比例不断提高，大学生就业率近年来一直处于较低的水平，对此社会反响十分强烈。越南政府在《至2020年越南海洋战略》的引言部分就直截了当地提到了海洋战略与国内民生的关系。引言说“以海洋战略来不断改善民生、提高人民生活水平是我党和我国政府所考虑的出发点之一”。

如今，在新的历史条件下提出并实施“海洋战略”则可以此为契机在很大程度上改变社会贫富不均、基础设施落后这一状况。

---

① 越南曾因税收制度尚不完善以及全民皆商的特点，因此长期以来给外界造成了民众富有而国家则相对财力不足的印象。见曾向荣：“真实的越南：国穷民富”，载《广州日报》2009年3月19日第12版。

首先，海洋发展战略的实施将会极大地带动相关产业链的形成与发展，扩大国内就业机会，尤其是解决国内大学生普遍面临的就业难问题；其次，随着沿海高速公路以及沿海都市圈的逐步建成，可最大限度地改善城乡基础设施，提高经济发展的辐射面和覆盖面，最大限度地缩小城乡差别；此外，海洋经济的成功还将极大促进并改善越南国内养老、救残帮孤、国家医疗保障、入学、入托等国家性福利措施，缩小贫富两极分化现象，实实在在地提升人民生活水平，确保社会的稳定。在这方面所产生的社会意义同样是巨大的。

根据越南石油天然气公司提供的统计数据显示，越南油气集团每年都要出资修缮位于山区的数百座桥梁、数万栋房屋，并在南沙群岛上的居民点和驻军地无偿投资兴建照明、供水等生活设施系统，直接服务于社会。2009 年，越南油气集团资助全国民生的资金总额达到了 9400 亿越南盾，比其当初承诺的数额高出了 4.6 倍（越南油气集团曾允诺于 2009 年拿出 2050 亿越南盾资助国内民生）。[①] 此外，在 2006—2010 年 5 年间，越南油气集团总计为越南国内民生工程提供了 2 万亿越南盾。[②] 2007 年底，越南政府宣布在全国范围内实行义务教育，并将教育经费提升至国家预算的 22%。[③] 这一切都是在越南油气业为国家带来巨额收入的前提下实现的。

而实践已经表明，越南推进“海洋战略”之后明显加快了开发海上石油资源的步伐，换回越南急需的大量外汇，一方面促进了国民经济的发展，另一方面大大改善了人民群众的生活，促进了社会的稳定。

---

① ［越］潘雄：“越南油气的黄金季节”，载越南《青年人报》2010 年 2 月 11 日。

② “越南油气接受金质勋章”，越南越报网 2010 年 6 月 14 日：www//http：vietbao. vn. Tập đoàn Dầu khí quốc gia Việt Nam đón nhận Huân chương Sao vàng . htm 14 – 6 – 2010。

③ 越南越报网：“总理将教育经费提升至 22%”，2008 年 1 月 4 日：http：//vietbao. vn/Giao-duc/Thu-tuong-Dau-tu-giao-duc-co-the-len – 22-ngan-sach/65117242/202/。

越南党和国家领导人在许多不同的场合多次在讲话中提到了这一点，称赞越南油气集团对越南社会、民生事业所作出的杰出贡献。就此而言，越南“海洋战略”的实施所带来和产生的社会意义同样是巨大的。

第八章　越南推行“海洋战略”的有利条件与制约因素

在前文论述了越南“海洋战略”的基本态势及若干特点的基础上，本章将根据这些特点来逐一阐述、分析越南“海洋战略”在实施过程中所拥有的有利条件以及一系列的制约因素与挑战，并展望这一战略在未来的发展趋势。最近几年来，尤其是在美国推行“亚太再平衡”战略以及中越间发生了围绕我“981”石油平台的海上对峙事件之后，越南政府在南海争端中的最新举动也足以使我们能够管窥出“越南战略”在未来的发展趋势。而该战略在实施过程中所面临的越南国内外的有利与不利因素则可能对此形成一定程度的促进或制约，从而在利弊的两方面影响到战略的实施。较为准确地掌握了这些有利因素与掣肘因素则大大有利于我国采取相应的对策，做到有的放矢，从而在处理南海纠纷中不致于陷入被动。

第一节　越南推行“海洋战略”的有利条件

区域外别有用心的大国对南海争端的不断卷入、南海争端日趋国际化、多边化的趋势以及越南政府审时度势根据自身特点所制订的一系列实用的海洋政策构成了对越南实施“海洋战略”的有利因素。而目前南沙群岛中的多数岛屿被越南所实际占领的现状这本身就是其最大的优势。

一、 实际占领已成最大优势

越南目前在我国南海海域占领着29个岛屿、岛礁，是围绕南海争端的六国七方中所占领的岛屿和海域最多的国家。由于越南的占领行动启动早、海洋战略着手快，因此目前在海上的主权宣示及法理准备两个方面已经有了一定的规模，具备了他国无可比拟的实施其海洋战略的得天独厚的优势和条件。笔者无意引用黑格尔“存在即合理”的逻辑哲学理论，因为这句话本身就存在着争议或引发了歧义，[①] 但这一理论体系至少能从一个侧面表明：越南占领着大片南海海域——这本身就是一种优势，这种优势还将会随着时间的推移、国内与国际形势的变化而变得日益明显。按照国际惯例，《国际法》中尊重先占为主的原则，即谁先占领并实行有效的管理，谁就拥有较大的主导权，就会得到国际社会的认可与尊重。如果一方长期占领，并进行经济开发和行政管理，那么久而久之就会变成一种他国的默许和客观存在的现实。而越南的后占领行动，如本书第五章中所阐述，从未离开过“经济开发”与“行政管理”这两大举措。

对于实际占据所形成的优势，首先，就海洋经济层面而言，在目前南海局势虽然复杂但仍基本稳定的情况下，越南在现在与未来均可一门心思地在其宣称主权的南海海域和岛屿上不断地勘探、开采油气资源，获取丰厚的渔业资源和稀有矿产资源，同时大量购置军火、提升海上实力，以一步步打造海上防御体系，实施“海洋战略”。无论是独资还是与外国合资联合开采运营，这些插上了越南国旗的海上油井平台，它的存在本身就是一种实实在在的优势。除非

① 张世英：《论黑格尔的逻辑学》，上海人民出版社，1981年第3版，第82—83页。

发生海上战争，且付出高昂的代价，在正常情况下他国难以更改这一事实。这些星罗棋布的海上油井平台正按照其发展规划，按部就班地将大量的海上油气资源运往越南沿海海岸，一一占为己有。沿海的北中南三处大中型炼油基地已经全部正式运营（榕括炼油厂最早于2009年运营），从而形成勘探、开采、提炼、生产以及出口一条龙，将极大地提升越南海洋经济的实际效果。而海洋经济的飞速发展又会在现在与未来不断提升越南的综合国力，助其实现地区大国梦和海洋强国梦。

在当今或未来，无论其他各方对此有着多么大的争执或者存在着多大的不满，在当前的国际环境下，以夺取海上岛屿控制权为目的继而引发海上大规模冲突的可能性正变得越来越小，越南政府已经充分地意识到了这一点，它所做的就是：埋头开采。对于不断在争议海域勘探、开采而招致的来自其他国家外交上的抗议，除了针锋相对地强调开采区域是自己的领海之外，越南历来将其当作耳旁风，置若罔闻。

2010年6月6日，在新加坡举行的亚洲安全会议上，时任越南国防部长冯光青公开表示，越南正逐步采取步骤和平解决南海海域的领土纠纷问题。他说："虽然还存在纠纷但是我们将依照国际法律解决。我们基本上可以保持此海域的稳定。"[①] 冯光青的这番言论完全是一个占领者的口吻和姿态，俨然越南才是南海海域唯一的真正主人，摆出了一副得了便宜又卖乖的姿态。如今，在2012年6月通过了《越南海洋法》之后，越南已经将南海大部分海洋权益纳入自己的范围之中，而且还在试图进一步拓展新的海上资源范围。如本书在第四章中所分析的那样，海洋经济对越南举足轻重，因此在未来越南仍会与过去一样我行我素，继续不停地攫取着南海的丰厚资

---

① 环球网："越南国防部长冯光青称将逐步解决南海争端问题"，2010年6月8日，http://www.chinadaily.com.cn/dfpd/hainan/2010-06-08/content_425258.html。

源。因为，占据着就等于占有了主动，拥有着排他性的优势，这种优势在今后相当长的一段时间之内无法更改。这是一个不可否认的客观现实。

其次，就海洋安全层面而言，越南不停地在树立了国界界碑的岛屿上修筑防御设施、火炮阵地，既彰显主权概念，又提升海上防御质量，成为了打入我南海海域的一个个楔子。由于越南所非法占领的我南沙岛屿呈一种线状格局的分布，大陆架诉求则与我 U 形线重叠，恰好对我南海 U 形线形成了半侧包围，扼守着南海通道，与我实际占领的岛屿、岛礁形成犬牙交错的格局。越南的这种海上现实优势是其他国家所无法拥有的。

此外，由于越南计划中希望打造的海上“防御岛链”所要控制的广大海域，几乎完全覆盖南海国际交通线，它距离越南的金兰湾只有数小时的海上航程，比新加坡的樟宜海军基地还要近。这一海上交通线既是区域外大国日本的海上“生命线”，也是美、俄、中等大国的重要贸易通道。[①] 在当今世界，国际贸易量的 90% 是由海上运输来承担的。海上运输线被誉为国际贸易的“蓝色动脉”。[②] 马汉也曾提出“战略线中最重要的是涉及交通运输的那些线，交通支配战争”，[③] 因此作为海上交通线的咽喉——海上通道交通线，历来是海洋争夺的重要内容，它历来受到世界各国的高度重视。2015 年 3 月，美国国务院公开要求越南停止俄罗斯将越南的金兰湾用作战略轰炸机的“加油站”。同年年底，时任越南防长的冯光青陪同日本防务大臣中谷元参观了越南的金兰湾。2016 年春，日本海上自卫队的两艘军舰首次访问了越南的金兰湾。显然在如今，控制着这一通道的越南正在不断刻意使其成为一大优势，变成与大国打交道时手中

---

① 左立平：“扼住海上生命线”，载《瞭望》杂志 2004 年 7 月号。
② 王全友：《海防安全论》，海军出版社，2007 年版，第 388 页。
③ ［美］阿尔弗雷德·马汉著，范利鸿译：《海权论》，陕西师范大学出版社，1997 年版，第 29 页。

的一枚重要棋子，从而使上述国家在与其交往时不得不慎重考虑这一重要的因素。

在这一背景下，越南政府在南海问题上的立场日益强硬。比如对于中国领导人所提出的“搁置争议，共同开发”的倡议，越南外交部方面后来曾多次反驳称，“越南对自己的专属经济区和大陆架的行使主权的行为并不妨碍其它各方，不存在暂时搁置主权争端的问题”，越南“没有必要”与中国政府就越南与美国大陆石油公司的勘探合同问题进行讨论，因为“133号、134号标区位于越南大陆架上，完全属于越南的主权和仲裁权，越南对万安滩海域‘拥有无可争辩的主权’”。[①] 甚至对于中国海上科考船只在南沙和西沙的勘探、中国海军在西沙的军演以及我国政府在南海宣布休渔期等，越南也从不放过，屡屡采取针锋相对的外交行动。因为越南外交部总会在第一时间予以“强烈抗议”，声称“侵犯了越南的领海，必须无条件离开”等等。

因此，如果要分析越南“海洋战略”在未来实施过程中的有利条件，那么笔者认为，实际占领就是目前最大的有利条件。因为实际占领本身就是一种暂时具有排他意义的优势，更何况这是在海上，而且如前文所述越南政府早就审时度势制订出了一系列符合其国情，与其国力相匹配的实用的海上后占领行动战略，成功地打造了海上软硬两个方面的实力。

二、 国际地位提升增强了底气

越南于20世纪80年代末推行“革新开放”政策，开始逐步实行政治经济改革，1995年7月与美国正式建立外交关系，并于同年

---

① ［越］中央宣传教育委员会：《发展海上经济与保卫越南岛屿、海上主权》，越南国家政治出版社，2008年版，第52页。

加入东盟，从此彻底改变了以往的国际形象，从完全封闭变为积极融入国际社会，从排外到积极主动吸引外资，如前文中所论述，越南正以积极而活跃的姿态出现在国际政治舞台，并开始逐步谋求在地区和国际事务中拥有更大的发言权。

东盟秘书长尼古拉斯·达曼在回顾东盟40年的发展历程时表示："越南已经成为东盟的第二大国……而且在东盟与中国的关系中起着非常重要的桥梁作用。"[①] 在评价越南作为东盟成员国的12年历程时，越南外交部副部长范家谦这样表示："越南已经成为了东盟的核心，成为地区和平、合作的重要因素和值得信赖的合作伙伴。"[②] 2013年开始，越南人黎良明成为了东盟秘书长。与此同时，随着经济全球化和国际竞争的加剧，大量外资开始流入劳动力资源丰富且低廉的越南，越南正在成为欧美甚至亚洲各主要经济强国重要的原料产地、生产基地和商品销售市场，正在逐步迈入东盟经济大国的行列。在金融危机之前的连续几年中，越南的经济保持了较快的增长势头，经济增长一直徘徊在7%—8%之间，仅次于中国；即便在金融危机之后，也仍然保持着6%左右的增长率。[③] 这些因素促进了越南作为东南亚地区大国地位的不断提升。

2000年7月，越南与美国签署了《越美贸易协定》；2007年1月11日，经过数年的谈判之后，越南正式成为了世界贸易组织的第150位成员。2007—2009年，越南担任了联合国非常任理事国。2010年首次担任了东盟轮值主席国，期间，多次成功地主办了大型地区及国际首脑峰会，越南的国际地位得到了明显的提升。2010年年初开始，越南又先后与俄罗斯及美国商谈核合作，欲在国内建立

① 越南外交部网站："越南将在东盟中发挥重要作用"，2007年8月13日消息，http://www.mofa.gov.vn/vi/nr040807104143。

② 张婷婷、蔡廷栋："越南对建立东盟安全共同体的考虑及对我影响"，载《亚洲国情问题研究》，军事谊文出版社，2009年版，第242页。

③ 李洋：越共"十一大"定调十年战略，中新网1月12日。

第一个核电站，企图以此迈入世界核俱乐部国家的行列。[①] 在申办2014年亚运会失败之后，越南曾成功申办了2019年亚运会（后于2013年宣布放弃）。2015年，越共总书记阮富仲历史性地访问美国，双方开启纪念建交20周年系列活动。

经过20多年的努力，（自加入东盟以来）越南不再是昔日人们印象中贫穷、弱小、穷兵黩武的国家，而是一个具有了一定国际地位、受到各方尊重、战略地位极为重要的国家，并且在南海主权之争日益激烈的背景之下对某些区域外大国来说还是手中的一张王牌。这种地缘战略地位和国际地位的提升大大增强了越南推行“海洋战略”的底气。在越南政府看来，这也使其拥有了与中国在南海问题上进行抗争的资本。实践表明，在与中国谨慎交往的同时，越南开始变得强硬起来，敢于发出与中国不同的声音。如越南公开与中国唱反调，明确支持日本成为联合国安理会常任理事国；2006年11月，越南不顾中方的反对，邀请台湾地区领导人出席在越南河内举行的APEC峰会，声称台湾地区参加APEC峰会已经成为惯例，越南不会更改这一安排。[②] 这明摆着是要让中国难堪。2010年4月，利用担任东盟轮值主席的机会，越南曾一度欲将南海问题列入东盟峰会议程，后因遭到中方及其他东盟成员国的反对而未果。2010年年中，当有关中国出于环境保护目的减少向日本出口稀土问题引发关注时，越南立即向日本示好，表示愿意解决向日本出口重要的稀土金属供应问题。[③] 2014年，在中越间发生了海上对峙事件之后，时任越南总理阮晋勇明里暗里警告说，越南也会考虑（步菲律宾后尘）通过国际法来解决与中国的海上争端。随着其国际地位的提升，

---

① 成汉平：“美国重返东南亚，分析回顾与展望”，载《解放军国际关系学院报》2011年第4期。

② 张海云：“21世纪初越美关系变化对中国的影响”，载《亚洲国情问题研究》，军事谊文出版社，2010年版，第130页。

③ “越南军方把中国视为对手”，载《参考消息》2010年11月3日第15版。

越南在国际政治舞台处处表现出了暗中与中国对着干的趋势，以削弱中国的影响力。

2010年10月，根据越南方面的提议，东盟国防部长扩大会议（即“10+8”）在河内召开，这是东盟历史上第一次举行以防务为主题的会议，并将美俄等区域外大国拉了进来。就在本次防务扩大会议结束之后，越南又把印度国防部长安东尼单独留了下来，双方商讨了两国陆军联合演练山地及丛林作战的模式，印度则表示愿意帮助越南大力提升越南的军队实力，尤其是海上实力。《印度时报》事后披露，越南已经同意开放本国港口，向印度军舰提供维修补给服务。该报称，这一举措“将使印度获得靠近中国海军基地的港口”。[①] 随着南海争端的加剧以及越南地缘战略的重要性，区域外大国纷纷向越南“靠拢”，以至于越南的感召力与号召力日益增强，话语权也越来越大。2011年7月26日，第五届东盟海军司令会议在越南河内举行，东盟国家的海军司令全部参会。外界认为，这是东盟十国海军司令的首次“正式会谈”。

这一系列的举动充分表明越南想方设法在提升自己的影响力，而目的只有一个，即排除海洋战略实施过程中主要的障碍，并将这种障碍所造成的影响降至最低。可见，随着国际地位的提升，围绕其海洋战略，越南在政治、外交舞台与中国“扳手腕”的底气正变得越来越足。

三、 大国竞相卷入增加了砝码

近年来，随着南海争端日益激烈以及中国正在打造升级版的中国—东盟自由贸易区、推动21世纪海上丝绸之路，区域外大国开始竞相卷入，频频插足，以搅乱局势、抵销中国在东盟的影响力。尽

---

① “印度越南联合演练丛林战，意欲何为”，载《看世界》2010年12月号。

管他们卷入的程度、时间以及各自的实力不尽相同，但其目的及出发点却是基本一致的，即一方面应对中国的强大与崛起，以遏制中国在南海以及东南亚地区的影响力，防止东盟在中国成功地打造了升级版的中国—东盟自贸区之后成为中国的“大后方”或“后院”；另一方面，希望抓住机遇积极回应南海周边国家希望将南海争端不断国际化，继而不断复杂化的战略考量与发展趋势，从而加大中国在未来对南海问题的解决难度；同时，也希望能够在南海资源的争夺中及战略利益的博弈中分得一杯羹，以凸显自己的大国地位与身份。这其中，最明显的是美国、日本、印度、澳大利亚及英国等国。鉴此，美国、日本等国的做法还与越南形成了强烈的战略互动，尤其是在2014年5月中越海上对峙事件发生之后变得更加明显。

（一）美国

从2009年开始美国的南海政策发生了重大改变，美国政府不但公开介入南海争端，而且还开始借南海问题对中国进行牵制，针对中国打出“南海牌”。[①] 2009年7月，美国签署《东南亚友好合作条约》，高调宣布“重返”东南亚，美国开始不断强化与南海周边国家的军事联系，通过军事方面的交流与合作，强化自己在东南亚的军事存在，以起到遏制中国的作用。2009年8月19日，美国民主党参议员吉姆·韦伯在访问越南时公开宣称，美国应该作出更多努力，以“平衡”中国在东南亚、南亚地区的势力，矛头直指中国。他还称：“美国应该在防卫南海区域上作出更具体的动作，站在他们一方（与中方争端国）。”他宣称：“这种动作不一定是军事上的。美国作为一个国家的外交立场，就是希望在该区域成为‘平衡’中国的势力。”[②]

在高调“重返”东南亚一周年之后，2010年仲夏，美国对南海

① 任怀锋：“论区域外大国与南海地区安全格局变动”，载《世界经济与政治论坛》2009年第5期。

② 转引自李金明：“南海问题的最新动态与发展趋势”，载《东南亚研究》2010年第1期。

的卷入已经达到了赤裸裸的地步。2010年6月15日，美国国防部长罗伯特·盖茨在出席新加坡地区安全论坛会议时表示，南中国海的主权争端可能威胁航行自由和经济发展。他说，对此越来越担心的美国虽然不会偏袒任何一方，但也不容美国或其他国家的公司在这一地区的利益受到威胁。[1] 2010年7月23日，在越南河内举行的东盟地区论坛外长会议上，美国国务卿希拉里·克林顿事先并没有听取中方对此提出的劝告，就南海问题在会上向中方发难。[2] 希拉里根据事先准备好的稿子，大谈南海与美国国家利益关系的问题，大谈维护南海航行自由的重要性和紧迫性，大谈在南海问题上反对“胁迫”，反对使用武力或以武力相威胁。她声称，美国特别主张形成一个解决南海问题的“国际机制”，她的这一表态与中国历来反对将南海问题国际化、多边化，而主张当事国一对一双边谈判的立场明显相悖。对于这一事件，中国人民大学国际问题学者时殷弘分析认为：“这是美国第一次公开干预关于南海问题的争端解决，表面看起来是要促进多边会谈，但实际上美国是在尖锐谴责中国。”[3] 2010年8月8日，美国核动力航空母舰“乔治·华盛顿”号穿过越南附近的南海海域，来到越南的岘港港口，并邀请越南海军官兵登舰参观，此后双方举行了为期一周的海上联合演习。此次访问表面上是为了纪念美越关系正常化15周年，但实际上是为了进一步卷入南海，拉拢昔日对手来共同遏制中国。

继美越联合军演之后，2010年9月24日，美国总统奥巴马在华盛顿与东盟国家领导人举行了美国—东盟峰会，这是美国政府首次将东盟峰会“搬”到了区域之外的地方——美国，美国欲以东盟为

---

① “美国担心南中国海主权争端”，英国BBC广播公司网站：http：//www. bbc. co. uk/zhongwen/simp/world/2010/06/100605_ brief_ gatessea. shtml。

② 外交部：《杨洁篪外长驳斥美国在南海问题上的歪论》，外交部网站：http：//www. mfa. gov. cn/chn/gxh/tyb/zyxw/t719371. htm。

③ 时殷弘：“美国首次公开干预南海争端 成为中美新摩擦点”，载《环球时报》2010年7月26日第4版。

平台干预南海的倾向愈加明显。在峰会上，奥巴马说：“作为太平洋国家，美国在亚洲人民的未来上，有着重大的责任。”他表示美国需要和亚洲国家结为伙伴，共同面对经济上的挑战、避免核扩散以及应对气候变化。[①] 峰会之后，双方发表了联合声明。声明一共囊括了25点，并提出把美国同东盟的关系提升到了一个战略高度（strategic level）。这25点内容涉及到了自由航行、国际海洋法、湄公河等其他领域的合作，再一次强化了美国与东盟的关系。这份联合声明的发布，是在希拉里于当年7月发表的南海讲话后，美国再一次显示出主动介入南海之争并力挺东盟、主导亚洲的决心。2010年10月，在越南河内举行的东盟防务扩大会议期间，时任美国国防部长罗伯特·盖茨在会晤时任中国国防部长梁光烈时再次强调了所谓南海的航行自由问题。而在越美高层当年的几次接触中，双方都提及了南中国海的安全问题，越美双方都暗示“中国的强势令邻国感到不安”。[②] 2010年底，美国国务卿希拉里在夏威夷的一次讲话中特别强调美国将会继续维持在亚太地区的军事存在，而且还将扩大在某些地区的军事存在。她特别提到了与越南的接触，她指出美国正在与越南建立一种在10年前难以想象的合作关系。[③] 美国介入南海的步伐日益加快，甚至到了迫不及待的地步。2011年2月初，美军公布了最新的国家军事战略，自反恐战争开始以来首次将重心转向亚太地区。

2011年11月14日，APEC会议一结束，美国总统奥巴马和国务卿希拉里·克林顿便分别开始了他们的亚洲之行。奥巴马于次日前往澳大利亚，然后转往巴厘岛参加东亚会议，而希拉里的地程中包括菲律宾和泰国等，两人共完成9天的行程，然而，这个几乎可视为是一个环中国行的行程之中却并不包括中国。在两人的行程中，

---

① “奥巴马把东盟领导人请到美国开峰会”，载《参考消息》2010年9月25日第15版。
② 王国平：“2010年越南的全方位、多元化外交”，载《东南亚之窗》2011年第1期。
③ “越南军方把中国视为对手”，载《参考消息》2010年11月3日第15版。

他们还借机推销《跨太平洋伙伴关系协定》（TPP）框架，力图以这一形式来孤立、遏制中国。

在临行之际，美国国务卿希拉里公开表示说：“目前在亚太面临的挑战需要美国的领导，从南海自由航行议题到朝鲜挑衅和核扩散行为，以及促进平衡与广泛的经济增长。”① 她强调说，奥巴马与他的亚洲之行是美国积极介入亚洲事务的重要时间点。从南海议题，到朝鲜议题，现在都是需要美国领导的时刻。

2014年5月3日，中国海事局公布了中国海洋石油总公司“海洋石油981”（HD－981）钻井平台的位置，并提请过往船只注意避让。但几乎就在同时，越南政府迅速作出了反应，派出了多艘舰船急驶150多海里来到我西沙海域进行骚扰破坏，最多时达到了60多艘，并撞击我执法船只达上千次之多，同时还派出“水下蛙人”进行骚扰破坏，公开挑衅。而就在这一期间，围绕我海上“981”石油平台，越南与美国的战略互动在这一期间突然间变得非常密集，并且完全公开化。针对我“981”海上石油平台的正常作业，美国官方一开始便连连发声，挺越制华，在国际舞台公开选边站（参见表8.1）。5月6日，美国国务院发言人普萨基称，“鉴于近期南海局势紧张，中国让其钻井平台在争议水域作业的决定系挑衅行为，不利于维护该地区的和平与稳定。”

紧接着，5月8日，美国国会众议院外交事务委员会亚太小组成员埃尼·法利奥马维加（Eni Faleomavaega）强烈谴责中国侵犯越南主权，并建议奥巴马政府对中国的行为作出进一步的明确和强烈反应。②

---

① 半岛新闻网：“希拉里口称西菲律宾海”，http：//news. bandao. cn/news_ html/201111/20111119/news_ 20111119_ 1708362. shtml。

② “国际社会继续支持越南”，越南之声广播电台网站：http：//www. vovworld. vn/zh－CN//236608. vov。

表 8.1　中越海上对峙之际越美官员会晤一览表
（截至当年 8 月中旬）

姓名与职务	时间	地点	受谁接见
拉塞尔/助理国务卿	2014 年 5 月 8 日	河内	越南总理阮晋勇等
卡丁/国会外交关系委员会亚太事务组长	2014 年 5 月 27 日	河内	越南国会主席阮生雄等
国防部长哈格尔	2014 年 5 月 30 日	新加坡	越南国防部长冯光青
本尼·普利茨克/美国商务部长	2014 年 6 月 1 日	河内	越南总理阮晋勇、越南国家主席张晋创等
凯莉·马格斯曼/美国国防部负责亚洲太平洋事务的代理助理	2014 年 6 月 4 日	河内	越南国防部副部长阮志咏等
美国太平洋陆军副司令加里·哈拉	2014 年 7 月 1 日	河内	越军副总参谋长武文俊
美国前总统比尔·克林顿	2014 年 7 月 17 日	河内	越南总理阮晋勇等
国会参议院外交关系委员会成员鲍伯·柯克尔	2014 年 8 月 4 日	河内	越南国会主席阮生雄
国会资深参议员麦凯恩	2014 年 8 月 7 日	河内	越南国会主席阮生雄
美国参谋长联席会议主席邓普西	2014 年 8 月 14 日	河内	总理阮晋勇、防长冯光青等

美国积极而卖力地卷入南海主要有以下战略目的：一是争夺对南海地区的海洋控制权；二是适应南海周边国家将南海问题复杂化、国际化的需要；三是借南海问题达到遏制中国和围堵中国的目的，完善其所谓“第一岛链”的战略部署，推行其“亚太再平衡”战略。为与美国形成互动，越南政府则积极配合，迎合美国的这一战略需要。在《跨太平洋伙伴关系协定》的谈判过程中，美国主动邀请越南加入其中，并在诸多方面对越南进行了让步，终于于 2015 年达成。正如东南亚问题学者王国平所言，“越美的频繁接触及对中国

施加的压力，对中越关系产生了重大影响。”[①]

（二）日本

如本书第一章中所提及，日本在第二次世界大战期间曾经占领过南沙和西沙的一些岛屿，并曾把太平岛作为潜艇基地。1951 年的旧金山和会上，日本宣布放弃对南沙、西沙的一切权利，但会议并没有决定这些岛屿的归属。[②] 随着日本经济实力的增强，这使日本国内的右翼势力抛出了南海诸岛地位未定论，对南沙和西沙存在着幻想。1995 年，日本发表新的《防卫计划大纲》，将其海上自卫队的活动范围由 20 世纪 70 年代的 1000 海里海上交通保护线，扩大到 2000 海里，包括澳大利亚和马六甲海峡，将南海的大部分海域也包括在内。2002 年，日本声称东南亚一带海盗猖獗，对日本的商船构成了威胁，特别是对日本的原油进口构成了极大的威胁，因而向东南亚国家派遣出了载有直升机和重型武器的巡视船打击海盗，从而“名正言顺”地实现了其在南海的军事存在。而事实上，所谓“海盗威胁”子虚乌有。[③] 近年来，日本在东南亚通过经济外交与南海周边国家建立起紧密的政治经济关系，为日本干预包括南海问题在内的地区事务提供了可能。日本借此既可以更深入地介入东南亚地区事务，扩大发言权和干预能力，塑造政治大国形象，也可以追随美国对中国进行战略牵制，谋求地区的主导权。一方面，依靠其高科技产品对东盟的出口，依靠在东盟地区分布广泛且联系紧密的生产企业的巨大网络以及由此而形成的对日本的长期依赖，依靠对东盟地区实施经济援助形成的影响力，日本始终使东盟国家的经济贸易对日本保持着很强的依赖性；[④] 另一方面，以非传统安全名义强化与

---

① 王国平：“2010 年越南的全方位、多元化外交”，载《东南亚之窗》2011 年第 1 期。

② 任怀锋：“论区域外大国与南海地区安全格局变动”，载《世界经济与政治论坛》2009 年第 5 期。

③ 王传友：《海防安全论》，海军出版社，2007 年版，第 217 页。

④ 邓应文：“论近年来东盟与日本的经贸关系”，载《暨南大学学报（哲学社会科学版）》2008 年第 3 期。

东盟的合作，通过举行打击海盗、打击海上走私毒品等海上演习，推行“南下”政策，积极向南海渗透。2010年10月10日，在越南河内出席东盟防务（扩大）会议时，日本防卫大臣北泽俊美明确表示，“基于和平国家的理念，提出符合时代需要的、类似‘新武器出口三原则’之类的文件对日本及东盟国家的合作十分必要”，暗示有意打破障碍向东南亚国家出口高尖武器。[①] 日本政府现行的“武器出口三原则”出台于1967年，是指禁止向社会主义阵营各国、联合国决议规定对其实施武器禁运的国家，以及国际冲突的当事国或有冲突危险的国家出口武器。基于这一原则，日本不能向越南出口任何武器，也不能共同研发试验武器。然而，由于越南的战略地位十分重要，居于日本的“印支战略—东盟战略—亚洲战略”中的重要一环，它已经成为日本试图争夺东南亚主导权、制衡中国在印支地区影响的一枚棋子，日本急于卷入南海之争，急于紧随美国向越南等国示好。日本媒体也在不停地鼓噪日本应介入南海之争，并向越南等国提供武器。《日本时报》在评论中分析说：“为了阻止南海冲突，日本可以向东南亚国家提供巡逻船等先进设备，并向这些国家提供官方援助以升级其港口设施，从而便于美国军舰与其之间的联系。”[②] 2010年12月，日本通过了的新的防卫白皮书，将“面向西南”防御作为重要战略的内容。所谓的“面向西南”无疑就是针对中国的钓鱼岛、东海，再往西南，就会直接延伸到南海区域。

此外，鉴于越南与中国在南海群岛问题上存在分歧，而日本与中国在东海问题上也有争议。因此，日本也有着与越南相互呼应在领土、领海问题上共同牵制中国的战略考虑，而越南则积极而主动地向日本示好，在中国决定减少向日本出口稀土之后越南立即向日本表示愿意向日提供稀土。2011年10月30日，时任越南总理阮晋

---

① 方立华：“日有意修改‘武器出口三原则’”，载《国防时报》2010年10月18日第4版。

② 东晋一郎：“日本应该向越南等国提供先进武器”，载《日本时报》2011年9月8日第19版本。

勇与时任日本首相野田佳彦共同签署了由越南向日本供应稀土的协议，稀土生产计划已于2013年在莱州省的东保矿展开，目标是为日本将来提供20%的稀土需求。2011年11月24日，日本与越南签署了《海洋战略安保协议》，时任日本防卫大臣一川保夫和时任越南国防部长冯光青在会谈中，一致同意在南海问题上采取统一协调的政策，应对中国在南海主权问题上的“强势动作”。[①] 在安倍晋三于2012年底再次担任日本首相之后，日本在介入南海的问题上越来越高调，步伐也越来越大。2014年4月1日，日本内阁举行会议，决定通过“防卫装备转移三原则”取代实施多年的所谓“武器出口三原则”，新的“三原则”大幅放宽了日本向外输出武器装备和军事技术的条件。[②] 当年8月，日本外相岸田文雄在河内与越南总理阮晋勇签署协议，决定向越南提供6艘二手船只，并帮助越南改造成海洋巡逻艇，同时提供3.52亿日元人才培养经费，用于越南海岸警备队的人才培养计划。2015年1月29日，美国第七舰队司令罗伯特·托马斯高调宣称，欢迎日本巡航南海。[③] 日本安倍政府顿时如获至宝。2016年春，继向越南提供巡航艇之后，日本的两艘驱逐舰历史性地访问了越南的金兰湾。日越双方在签署的备忘录中还特别强调了“确保东海和南海航行自由的重要性”[④]。

随着印度、美国与日本在安全领域的合作日渐机制化，日本为确保其在东南亚的战略利益，将不断加快军事渗透的步伐。在具体操作上，将以非传统安全领域合作为名义，实则加强与南海周边国家的军事合作关系，在背后支持其在南海与中国抗衡。这将进一步

① 赵文杰：“日本媒体称日应全面包围中国”，载《环球时报》2011年10月31日第8版。

② 专家：“日本取消‘武器出口三原则’”，人民军事网：http://military.people.com.cn/n/2014/0402/c1011-24800766.html。

③ “美国国防部怂恿日巡航南海”，搜狐军事网：2015年1月31日，http://mil.sohu.com/20150202/n408319935.shtml。

④ 李洲颖：“日本扩大对越南安全支援 欲援越南巡航艇遏制中国”，新浪/环球网：http://mil.news.sina.com.cn/2014-03-18/1353769413.html。

影响南海地区的安全格局变动，将使本地区的不稳定因素增多，并推动南海问题的进一步国际化、复杂化。

（三）印度

20世纪90年代，印度拉奥政府提出了“东向政策”，开始重点发展与邻近的东南亚国家的关系，意在通过发展与东南亚国家的经济合作，推动国内经济改革，并在此基础上拓展印度在亚太的战略空间。近年来，印度将中国视为“海上潜在的威胁”，以此作为其海上扩军的借口和依据，借机加快“东进”步伐，将海上军事实力和影响扩展到了南海。为显示其远洋战斗能力，印度海军舰艇时常进入南海游弋，与越南、日本等国举行海上联合军事演习，其战略意图和政策目标包括：实现海洋大国和世界大国的战略目标；争夺地缘战略利益，并联合南海周边国家共同牵制中国；与美、日等区域外大国在南海地区联手围堵中国，牵制中国在印度洋的活动。印度还公开支持越南在南沙领土主权问题上的立场，并与越南签订在南中国海开采石油的协议，将南海作为“制衡”中国的重要砝码，这无疑是在南海问题上给越南撑腰壮胆。

2011年7月，印度导弹驱逐舰编队驶往南海，访问越南港口。印度政府官方声称，印度海军舰队常驻东南亚将会对海上战略交通线的安全起到更加显著的作用。印度军方还透露，印度海军还在认真准备常驻南中国海，保持长期军事存在。印度还提议进一步帮助越南海军增强实力，为越方建造舰艇，培训海军人员。[①] 实际上，作为中国的主要竞争对手之一，印度此举是企图干预和遏制中国，阻止中国扩大自己的影响，阻挠中国完全控制南中国海所有岛屿。印度《世界政治评论》分析称，印度过去曾因不重视“向东看”政策而遭受批评，现在的南海局势则提供了很好的机会。该报表示，印

① 书山编译：“印海军编队将前往南海与越南军演为其撑腰”，载俄罗斯《真理报》2011年7月14日。

度的观念是："如果印度洋不是印度的海洋，那么南海也就不是中国的南海。"[①]

2011 年 9 月，印度国有石油天然气公司（ONGC）宣称，他们将进入有争议的南海海域开采油气资源，并称"已获得越南许可"。具体为：印度国有石油天然气公司计划在南海争议海域两块分别被称为"127 号"和"128 号"的油气田进行资源开发。[②] 这意味着印度卷入南海之争迈出了实质性的步伐。对于来自于中国的反对与抗议，印度外交部表示，对中国的反对"表示不屑"，认为"中国的反对没有法律依据"。

相对于双边贸易和其他领域，越南更希望得到印度在军事、科技方面的扶持，壮大实力，尤其是军事实力；而印度则欲借越南的地缘位置和在南海争端中的利益诉求来"制衡"日益强大的中国，分散中国的海防精力。[③] 印度《政治家报》曾毫不掩饰地声称：印越"两国有共同的利益，要互相协调，以防御共同敌人（中国）的侵略"。[④] 随着印度民族主义政党—人民党及其领导人莫迪于 2014 年上台执政、国内民族主义意识的不断增强，印度核力量和海军力量的不断发展，大国战略和"东向"政策不断取得成效与发展，印度在南海问题上将更具挑战性，介入的力度会更大。2016 年初，印度官方宣布，将会在越南胡志明市设立一个卫星跟踪和影像中心，作为交换，越南可不必征求印度的同意，就直接接收遥感图像。[⑤] 其意图便是监控中国军力在南海的活动情况与动态。这对越南在推行其

---

① 黄孟哲："越南拉印度到南海制衡中国"，载《环球时报》2011 年 8 月 1 日第 2 版。

② 王石、张慧中："印度欲开发南海油气资源，不屑中国抗议"，载《环球时报》2011 年 9 月 16 日第 8 版。

③ 林丽："冷战后越南——印度关系的发展及其对中国周边安全的影响"，载《亚洲国情问题研究》第 2 卷，军事谊文出版社，2010 年版，第 120 页。

④ 中国社会科学研究院亚洲太平洋研究所网："印度与东盟建立伙伴关系对我国安全的影响"（1999. 02 - 02），http：//iaps. cass. cn/Bak/Nyyj/9902 - 2. htm。

⑤ 张程："美媒看印度在越南建卫星中心，欲'反包围'中国"，《参考消息》2016 年 1 月 26 日第 1 版。

海洋战略的过程中打“印度牌”增加了更大的空间。

（四）俄罗斯

近年来，俄罗斯也不甘落后，正从三个方面加大卷入南海的力度：一是俄天然气工业股份公司与越南在南海海域合作开发油气资源，在该海域至今仍没有界定其归属权是属于中国还是越南的情况下，俄罗斯方面迫不及待地与越南方面合作，趁机在南海捞取实惠，显然是无视中国主权的行为。2009年12月，时任越南总理阮晋勇访问俄罗斯时与俄方签署了越南石油集团与俄罗斯天然气工业股份公司的战略合作协议，双方决定设立联营公司，在南海共同开发油气资源。二是积极促成与越南的核合作。2010年1月，俄罗斯和越南正式对外宣布，俄专家将帮助越南建设第一座核电站。俄国家核能集团负责人谢尔盖表示，该集团不仅在帮助越南建造核电站，还将成立核能研究中心，并在俄罗斯国内培训越方人员。[①] 其实，对越南来说，拥有核技术的象征意义要远大于实际意义，为的是给国际社会留下其综合国力已经得到明显增强的印象，以与中国进行抗衡。三是俄罗斯向越南大量出售军舰、潜艇和战斗机，双方高调签署订货合同，甚至对越南做到了有求必应，包括最新款的“基洛”级潜艇、战斗机等，帮助越南提升军力。在明知越南将这些高尖武器用于南海针对中国的情况下，俄罗斯此举无疑是在有意危害中国在南海的利益。俄罗斯政治和军事分析研究所分析师亚历山大·赫拉姆奇欣一针见血地指出，除军售产生了巨大经济诱惑外，“越南还可以用以制衡中国，这个盟友对我们特别重要”。[②] 当然，鉴于2014年不断恶化的乌克兰危机对俄罗斯形成的政治外交及经济压力，俄罗斯在许多方面需要中国的支持。在公开插足南海的问题上，俄罗斯明显放慢了步伐，但这也仅仅是一时之策。

---

① “越南谋求成为核俱乐部成员”，载《参考消息》2010年1月15日第14版。

② 姚忆江：“越南频繁指责中国南海举措，借国际力量谋求制衡”，载《南方周末》2010年8月12日第4版。

（五）其他各方

此外，澳大利亚以及部分欧盟国家也正在积极介入并搅浑南海问题，澳大利亚于2011年与美国达成了驻军协议，以迎合美国的“海空一体战”构想，根据两国达成的协议，从2012年年中开始，美军已经开始在达尔文港部署一个连（200—250人），5年内增加到2500人；增加进出澳大利亚的军机架次，B－52轰炸机、F－18战机、猎犬、C－130、C－17和全球鹰无人机等将更加频繁地进入达尔文，同时，美国核动力航母也会不时进出澳大利亚水域；美军将分步骤扩大在澳大利亚的军事活动，包括与澳大利亚军队的联合训练和演习。2016年年初，澳大利亚政府公布了国防白皮书中，其中就包含了“二战以来最全面的升级海军计划”，包括潜艇的更新换代。与此同时，澳大利亚政府还在不停地批评中国在南海进行岛礁建设，与美国一唱一和。澳大利亚之所以打算建设一支新型的、更强大的海军，即使从理论上看，除了想要“制衡”中国外，再无其他原因可言。

2011年11月23日在欧盟总部，欧盟对外行动机构东南亚分部副主管菲利普·阿默斯福特谈及“欧盟—东南亚问题”时，称欧盟欢迎来自东盟关于解决南海问题的任何帮助请求。他表示：“随着战略格局的发展，欧盟可以成为重要的平衡力量。”他说：“欧盟愿意扮演协调人的角色。这对于欧盟来说，是个挑战。但我们愿意考虑承担这个角色。我们真心地希望南海问题不要再升级了。”[①] 英国也于2015年1月公开宣称，要介入南海之争。英国外交大臣哈蒙德于1月30日在新加坡南洋理工大学演讲时称，根据1971年签署的《五国防御协议》[②]，英国准备加强在亚太地区的军事力量部署。

各方之所以积极卷入，是因为这既可使自己从中分得一杯羹，

① 赵小侠：“欧盟欲介入南海协助菲律宾解决南海问题”，载《环球时报》2011年11月26日第1版。

② 此为冷战产物，五国分别为英国、澳大利亚、新西兰、马来西亚、新加坡。

扩大自己在该地区的存在，确保自身国家的海上安全利益；同时，也对亚洲地区首屈一指、发展潜力无限的中国形成战略牵制，增加对华关系的筹码。

综上所述，区域外大国在南海的竞相卷入，不仅成为南海地区安全格局变动的重要因素，而且对越南来说，大国的卷入符合其战略考量，迎合了越南政府希望南海问题不断国际化、多边化的愿望与目的。如本书在第五章有关越南海洋战略基本态势及第七章海洋战略基本特征中所阐述的一样，越南政府领导人多次在不同场合表示，最大限度地融入国际社会是越南在未来迎接众多挑战，力求更大发展及生存之本。谋求南海争端的“国际化”也已经被写入了越南共产党的党章之中。2011年初召开的越南共产党第十一届代表大会以及2016年召开的越共“十二大”再一次重申了“主动、积极融入全球”的表述。[①] 因为在越南政府看来，区域外大国的竞相卷入一方面可最大限度地牵制中国在南海的活动，从而使越南在南海推行海洋战略时赢得宝贵的战略时遇机，得到喘息之机；另一方面，则可因此而增加在南海问题上与中国周旋的砝码，并与区域外大国形成某种合力。这对越南实施其“海洋战略”无疑是极为有利的。

四、东盟安全一体化进程将成其后盾

建立东盟安全共同体（ASEAN Security Community）的设想最初是由印度尼西亚在2003年的东盟外长会议上提出，这一倡议立即得到了越南等国的积极响应和支持。同年10月7日，在第九次东盟首脑会议上，东盟10个成员国一致通过了《东盟第二协约宣言》[②]

① 成汉平：“越南未来五年政治经济发展趋势——基于对越共‘十一大’制订目标之分析”，载《东南亚研究》2011年第3期。

② 英语原文为：DECLARATION OF ADEAN CONCORD II。

(又称《巴厘第二协约》)。根据这一宣言，东盟将在2020年[①]前全面建成东盟安全共同体，但在2015年的最后一天这一共同体已经正式推出。建构这一组织的目的旨在充分利用“地缘政治”的结构特点和便利，依托区域国际组织创造一种集体安全的合作模式，以共同应对本地区及本国所面对的安全挑战。

越南对东盟安全共同体的建立积极而热衷，甚至提出了设立东盟应急机构和反恐部队之类的建议，这自然有着越南自身的战略考虑，即希望借助东盟安全共同体的建立带动和促进整个地区和自身在安全防护、军事力量等方面的发展，加强自身安全感和防范他国在南海可能发起的军事行动，实际上其根本出发点就是为了针对中国。因此，在设立东盟安全共同体的问题上，越南比任何一个国家都要积极，都要热心。越南外交部曾表示：越南将会“竭尽全力地为东盟共同体的建设而奋斗”,[②] 称“越南将一如既往地，积极主动地参加东盟的各项活动和事务，为东盟的团结、稳定以及争取更高的国际地位而不懈努力”。[③] 越南政府还认为，随着南海争端问题的日益复杂，大国在东南亚的竞争将变得异常激烈，尤其是中国和美国之间……这对于拥有特殊战略地位的越南来说是非常有利的，因为这样可以吸引国际社会对这一地区的关注……[④]事实上，在正式成为东盟成员国之前，越南便打起东盟防务一体化的主意，并希望从中扮演领导者的角色。1995年在“美济礁事件”[⑤] 发生之后，越共中央于当年2月21日在杜梅的主持下召开政治局扩大会议，对今后

---

① 2007年1月召开的东盟宿务首脑会议决定，将实现东盟安全共同体目标的时间提到2015年。

② 越南外交部网站：“越南竭尽全力建设东盟共同体”，2009年9月9日，http://www.mofa.gov.vn/v。

③ 越南外交部网站：“越南与东盟十年”，2005年7月28日，http://www.mofa.gov.vn。

④ 同上。

⑤ 美济礁是南海群岛中的一处暗礁，1995年1、2月间，中国与菲律宾围绕美济礁发生了紧张的对峙。我粉碎了菲律宾企图抢占该暗礁、挑起事端，并引发国际社会关注的阴谋。参见李金明：《南海波涛——东南亚国家与南海问题》(上)，江西高校出版社，2005年版，第99页。

一段时期在南海问题上应当采取的措施作出几项决定。会议提出，在同年 7 月正式加入东盟之后要组建以越南海军为主的“联合舰队”，形成东盟各国在南海问题上联手对付中国的态势。[①] 显然，与其他东盟成员国相比，越南对东盟安全共同体的成立有着更高的期望值，主要体现于两个方面：一是希望形成具有实质意义的集体防御或区域防御框架；二是希望自己能够从中发挥“重要作用”，说白了就是充当“大佬”的角色。

对于越南来说，在未来越南可以以东盟安全共同体的建立为契机，一方面加强自身建设，提高综合国力，从而增强自身对外界的感召力和外界对自身的信任度；而在另一方面，则希望利用东盟安全一体化机制作为自己坚强的后盾，在其他与中国存在南海争端的国家中获得共鸣，以在不断推行自己的“海洋战略”中获得一个有效的保护伞。一个不可否认的事实是：随着东盟安全共同体的设立，中国一贯坚持的双边谈判立场将会被东盟各国制造的多边谈判事实所取代，中国与越南、菲律宾、马来西亚、印度尼西亚以及文莱等东盟国家在南中国海的矛盾将不可避免地转变为中国与整个东盟利益的矛盾。越南方面曾表示，东盟安全共同体的建立将提高区域防御能力，更有利于解决可能发生的矛盾冲突。这也符合越南的政策以及当前和长久利益。[②] 越南的如意算盘再清楚不过：如果说越南希望东盟成为其在南海问题上与中国较量的挡箭牌的话，那么越南显然更希望已经成立的东盟安全共同体成为其实施“海洋战略”的一个永久的重要后盾。如果真朝向这一方向发展，那么在东盟安全共同体正式运行之后，这无疑将会为越南在南中国海的利益争夺中衍生出另外一张王牌，多了一个更加理想的平台，从而大大增强了其在南中国海与中国“抗衡”的力度。美军太平洋司令罗伯特·托马

---

① 吴士存：《南沙争端的起源与发展》，中国经济出版社，2010 年版，第 96 页。

② 越南外交部网站：“越南竭尽全力建设东盟共同体”，2009 年 9 月 9 日，http://www.mofa.gov.vn/vi。

斯于2015年提出的建立东南亚联合舰队巡航南海的倡议或许正中越南的下怀。

虽然东盟共同体还没有有效运行，没有经历过任何实践，但可以预见到的是：随着东盟安全共同体的建成与不断完善，这一事件将最终将可能成为越南“海洋战略”施行过程中极为有利的因素，这也是由这一机制的建构特点，即“区域抗御力”[①] 所决定的。

第二节 越南“海洋战略”的制约因素

在推行越南“海洋战略”的过程中，有有利的一面，自然就会有制约与不利的一面，两者之间会相互作用，并可能在一定时期相互转换，这便是矛盾的普遍性与特殊性的体现，是辩证法的基本法则。毛泽东同志曾指出：“共性个性、相对绝对的道理，是关于事物矛盾问题的精髓，不懂得它，就等于抛弃了辩证法。”[②] 这里所谓的“共性个性、相对绝对的道理”，就是矛盾的普遍性和特殊性的辩证关系。

在越南推行“海洋战略”过程所面临的一系列制约的因素中，有越南的国内因素也有国外因素。这些制约因素将在未来以不同的程度、不同的方式以及不同的时间制约、影响着其发展与推进进程，从而在一定程度上可能会影响到其“海洋战略”最终的实施。

---

① 张婷婷、蔡廷栋：“越南对建立东盟安全共同体的考虑及对我影响”，载《亚洲国情问题研究》，军事谊文出版社，2009年版，第245页。

② 转引自张国林、慈元龙：“矛盾含义探索”，《国内哲学动态》1981年第11期。

一、来自内部的制约

（一）技术上的瓶颈

尽管越南官方自认为海洋经济的潜力十分巨大，前景喜人，对其工业发展、经济转型以及社会发展起着十分重要的作用，并被中央政府寄予着厚望，但是在现阶段越南对海洋经济的开发与利用仍然受到不小的限制，与其巨大的潜力并不匹配，这一瓶颈在当今越南不断融入世界经济的过程中变得十分明显。究其原因，可能存在多种因素，但最主要的还是因受技术条件的限制以及资金上的匮乏，以至于到今天为止越南海洋经济的规模仍然较小，具体体现在涉及海洋经济的传统工艺技术依旧落后、海洋基础设施还很薄弱、海洋经济的配套产业尚不完善等。越南水产部下属的经济和水产规划院院长阮周回在自己的论述中认为，尽管在开发海洋经济的过程中，越南已经具备了许多得天独厚的便利条件，但是越南实际开发海洋经济的能力却并不高，统计显示，这一能力只相当于韩国的七分之一、中国的二十分之一以及日本的九十四分之一，相当于世界的二百六十分之一。[①] 他认为，越南的“海洋战略”的可持续发展还面临着一个广义上的技术瓶颈问题，各海岛完全是在“自发地”进行着开发，“什么有利可图着手开采什么”“眼前有什么就开采什么”，因此缺乏统一规划、缺乏科学合理的计划。如果任其发展下去，不仅导致海洋的开发缺乏有效监管，而且还将影响海洋发展战略的一盘棋实施计划。[②]

通常说来，开发海洋资源要求拥有高水平的科学技术、雄厚的财政实力、严密的组织机构，其中科技含量高的工艺技术往往能够

---

① ［越］中央宣传教育委员会：《发展海上经济与保卫越南岛屿、海上主权》，越南国家政治出版社，2008年版，第46页。

② 同上。

达到事半功倍的作用。然而，就目前而言，这恰恰是越南的弱项。

（二）管理上的缺陷

对于一个新兴海洋国家来说，就海洋经济层面而言，最重要的是拥有一套长效机制的管理体系，而越南作为一个拥有一半省份濒临大海的海洋国家，其在海洋发展管理上的缺陷是十分明显的，其中既包括中央政府一级，也包括地方政府的管理。这其中既有经验上的匮乏也有管理机制上的不足与制约，具体体现于海洋管理部门、海洋产业的机构设置不尽合理或者存在重叠现象，职能作用无法充分体现。越南国内学者也认为，在实施“海洋战略”的过程中，国家需要做什么，个人需要做什么，并没有一个具体而统一的路线图，从而使上下都感到极为困惑，以至于各部门各吹各的调。[①] 很显然，越南在提升海洋经济、实施“海洋战略”的过程中面临着一系列的主客观制约因素，但归根到底还是“人”的问题，它包括官僚主义、人的惰性、不良工作习惯以及浪费现象等，这些都可归结为管理上的问题，包括管理者的理念、管理的方法以及管理的机制等。前越共总书记农德孟在越南共产党第十一届党代会的报告中说，越南经济发展的质量、效率和竞争力仍然很低，“官僚、腐败、浪费、不良风气、道德败坏和生活堕落等尚未被阻止”。[②] 由于体制、文化传统等方面的原因，要完全消除这些“人”的因素，恐非一日之功。

首先，在中央层面，尽管越南政府于1992年就设立了中央级的“东海指导委员会”，但是迄今为止仍然没有一个国家级的对海洋进行全面、有效管理的统一机构，既能包括宏观指导也能包括微观指导，以至于尽管中央出台了许多涉海指示与政策，但是具有实际操作指导性意义的却并不多。由于缺乏一个统一而高效的管理机构，

---

① ［越］阮庭天：“关于《至2020年越南海洋战略》”，载越南《光芒》杂志，2007年第4期。

② 成汉平：“越南未来五年的政治经济走向预测——基于对越共‘十一大’制订目标之分析”，载《东南亚研究》2011年第3期。

涉海各部门、各行业“各行其是”，竟相表明自己的工作是最重要的，从而常常打乱“东海指导委员会”的统一部署。其次，在地方一级政府，尽管每个沿海省市都有省一级的“海洋、海岛指导委员会”，但是在各地方该委员会对海洋管理的职能及组成却并不统一，而且工作效率较低。其具体体现是：尽管越南政府制订了许多吸引外资对海洋经济投资的优惠政策，但是对外资的使用效果却无法令人满意。此外，还有8个沿海市到2010年时还没有成立“海洋、海岛指导委员会”，从而形成了地方执行中央指示的“时间差”。[①] 越南海洋研究部门在对“海洋战略”实施过程中存在的问题研讨时指出，中央政治局早就作出了将沿海经济向海上拓展的NQ－TW－03号决议，但是在地方政府的执行过程中却被大打折扣，不仅投资额度不够，而且已有的投资所产生的效果也不显著，与中央的期望有着相当大的差距。[②] 笔者认为，这样的局面还将在今后一段时间持续下去。这既有机制方面的问题，也有文化传统方面的因素。

（三）安全上的挑战

越南的“海洋战略”在实施过程中还将面临传统安全与非传统安全两个方面的严峻挑战。但相比传统安全挑战，这种“海上安全”的概念更是广义上的，它主要包括的是海上非传统安全因素，即海上自然灾害和海上安全环境，而越南正是一个海上自然灾害频繁的国家，同时也是一个抗击海上自然灾害能力相对较弱的国家。越南共产党中央宣传教育委员会在《越南发展海洋经济与保卫海洋岛屿主权》一书中指出，越南所面临的海上安全挑战主要包括三个方面：一是海上船只的航行安全，包括海上危险品的运输过程中出现的意外泄漏、倾覆事故，并造成大面积的海洋污染等；二是海上可能发生的大规模自然灾害，包括飓风、地震、海啸等，其中爆发于2004

---

① ［越］黎洪凯：“关于对海洋认识的几个问题”，载越南《光芒杂志》2010年第1期。

② ［越］中央宣传教育委员会：《发展海上经济与保卫越南岛屿、海上主权》，越南国家政治出版社，2008年版，第25页。

年12月的东南亚大海啸至今仍让人记忆犹新，越南也是受灾国家之一；三是因为渔业资源争夺、领域纷争，孕育着极不安定的因素，如海上局部对峙、冲突乃至海上战争的发生等。根据南海目前的实际状况以及大国竞相卷入的特点，非传统安全因素将对越南的“海洋战略”产生最直接、最明显以及最主要的影响和制约。

这样的影响和直接后果包括：飓风、暴雨、地震等海上自然灾害摧毁海上石油平台、破坏海上油气管道、影响海上旅游、影响沿海工业区的生产运行和其他海上重大经济活动等。由于处于飓风活跃地带，越南沿海地区，尤其是越南中部的沿海海岸几乎每年都要经受飓风、暴风雨的猛烈袭击和影响，造成大量的人员伤亡和财产损失，损失惨重，影响极大；而越南共有28个省市属于沿海地区，占了一半，这种广义上的安全挑战是异常严峻的，对越南海洋发展战略的影响也是显而易见的。

（四）经济上的制约

本书在第七章论及越南“海洋战略”的基本特征时，提到海洋经济在越南国家经济发展过程中所起到的巨大作用，但从另一个角度来说，过度依赖海洋经济也存在着不小的风险。作为一个发展中国家，这极易成为一把“双刃剑”。因为一旦国际原油价格出现较大幅度波动，或者在未来人类研制出了替代能源、清洁能源等，这都将导致把海上油气业作为支柱产业、过度依赖海洋经济的越南政府推行海洋战略的实际效果大打折扣。根据越南官方的统计，受国际原油价格下跌和世界经济形势不景气的影响，在2009年上半年，越南的石油收入就曾一度出现锐减的趋势，与前一年同期相比甚至减少了50%左右。[①] 2014年，因页岩油气的开发国际原油价格更是一度下跌到了五年来的最低点。这对过度依赖海洋经济的越南无疑是

---

① ［越］黎明雄：“2009年的原油出口将会减少”，越南消息网站，Lê Minh Hùng: *Xuất khẩu dầu thô năm 2009 sẽ giảm*, www. tin247. com。

敲响了一次警钟，这充分表明：作为一个发展中国家，越南的海洋经济是无比脆弱的。

此外，虽然越南人均GDP在2008年已经突然了1000美元大关，但越南政府自己也承认，越南仍未完全摆脱贫穷。尽管经济指数在近年中增长较快，但经济基础及能力仍相对落后。2007年开始的全球性金融危机对越南构成了重大的冲击，其房产泡沫持续显现，越南中小企业协会主席高士谦承认，20%的中小企业已经破产或面临破产。[①] 全球性的金融危机也大大减少了西方发达国家对越南的投资额度。世界银行曾于2009年发布的经济预测报告显示，在2010年之后的一二年中，越南仍将受到这场危机的持续影响。因此，2007年的金融危机以及世界银行发布的形势报告清楚地表明，越南仍然是一个经济脆弱且十分需要国际依存才能得到正常发展的中小国家。[②] 一旦其寄予厚望的海洋经济受挫，越南将无力再向海上油气业进行大笔投资扩建，国内经济发展水平将会制约其“海洋战略”的实施。

（五）环境上的考验

随着在“海洋战略”的指导下沿海经济都市圈的不断形成和海洋工业的发展，越南海洋发展过程中正面临着的一个新问题，这便是海洋污染，这也是许多发展中国家所面临的共性问题。对越南来说，其中最主要的成因是向沿海大量排放未加处理的生活污水和生活垃圾，并且排放量仍在逐年递增。通过一份统计表，我们足以看出它的影响程度，参见表8.2、表8.3。

---

① “越南20%的中小企业将面临破产”，《北京商报》2009年10月4日第4版。

② 成汉平：“论现阶段越南语专业有序发展的重要性”，钟智翔主编：《中国外语非通用语教学研究》，北京大学出版社，2009年版，第14页。

表 8.2　沿海地区日污水排放统计表[1]

每天生活污水排放量统计：单位：1000 立方米/天			
1995 年	1999 年	2005 年	2010 年
778.5	980.8	1040	1216

表 8.3　沿海地区日生活垃圾排放量统计表[2]

每天生活垃圾排放量统计：单位：吨/天			
1995 年	1999 年	2005 年	2010 年
5190	6130	7800	9120

从表 8.2、表 8.3 两个表中看出，越南沿海地区的海洋污染正呈不断加剧的趋势。此外，生化氧（BOD）和化学氧（COD）的排放也在不断上升，而油污、重金属、杀虫剂等含农药成分的污水排放则极大地影响着海洋的生态平衡、渔业资源，并严重影响到沿海居民的日常生活。

除此之外，越南还受到因气候及环境变化而产生的潜在影响。越南环境科学家斐春胜认为，各国科学家已经发出了警告：到 21 世纪末，海平面将会上升 28—43 厘米，而由于越南的海岛及沿海的海平面和海拔相对较低，海平面每升高 0.5 米，将会丧失许多国土，淹没许多海岛，甚至会淹没胡志明市和其他沿海城镇。他还指出，作为一个发展中国家，在国家实施“海洋战略”的过程中，修建沿海公路、建造沿海经济区以及搭建海上石油钻井平台等大规模开发行动都会造成沿海地区环境和生态的严重破坏，而海上渔类及生物资源毁灭性的开采已经开始变得日益严重。[3]

海上生态面临的环境挑战对越南政府企图打造绿色海洋、推广

---

① 图表来源：［越］武衡：“对海洋资源、海洋环境的调查、开采与保护”，越南国家政治出版社，2009 年版，第 129 页。

② 图表来源：同上。

③ ［越］斐春胜：“海洋战略与环境”，越南《劳动报》2007 年 2 月 11 日周末版。

海上旅游来说，也是一大严峻考验，同时还会危及海洋渔业资源和其他海洋生物资源。在2007年初，越南中部地区沿海就曾发生过海上石油泄漏事故，受影响的海面断断续续有近100公里。[①] 2016年4月间，越南中部沿海地区因不明原因出现了大量的死鱼，影响到无数渔民的生计，越南官方的定性为“这是一起首次在我国发生的面积广且复杂的环境事故”[②]。这起重大环保事故震惊了越南国内，连续多日越南国内均有示威游行，要求调查原因、切实保护环境。新任总理阮春福亲自主持会议，会同农业与农村发展部、公安部、科学院等部门共同调研分析事故的原因。这一事件拉响了海上生态威胁、海洋污染的警报。由于越南的海上渔业资源以及海上旅游在越南的海洋发展战略中占有比较明显的比重，因此，海洋污染问题也将对这一战略的实施造成潜在的影响和制约。

（六）观念上的滞后

在越南推行“海洋战略”中，还面临着国内民众观念上的落后而形成的某种隐形制约，尤其是远离海洋的农业区域、山村等地。因为他们在观念上、在思维中仍然停留在农业时代，这是越南上千年的农业社会造就的。在《东南亚的贸易（1450—1680）》一书中涉及到越南海洋贸易中有这样的论断：在早期的越南，尽管背靠大山、面向大海，但是传统的贸易大多是村寨进行的，海上贸易极少，在当地人看来，通过海洋所进行的贸易与平民百姓并没有多大的关系，因为那是王朝的事。[③] 因此这是多年来在越南所形成的一种文化传统。胡志明市国家大学教授范青崔就撰文认为，对于许多越南人来说，他们仍然习惯于传统的农业观念，而认为大海是“遥远而不

① ［越］斐春胜：“海洋战略与环境”，越南《劳动报》2007年2月11日周末版。

② 王健：“越南政府指示紧急查清中部省份鱼大规模死亡原因”，《中国日报》2016年4月30日。

③ ［澳］瑞德著，吴小安、孙来臣等译：《东南亚的贸易（1450—1680）》，商务印书馆，2010年版，第二卷，第38页。

可及的”，即便是沿海地区的人也认为大海通常是与大浪、大风、暴雨及海难联系在一起的。此外，不少越南学者承认，从文化的角度来看，自古以来许多越南人的心理都存在着“惧怕大海”的观念，因为多少年来大海通常是“死亡”的代名词。[①] 一个历史事实是：尽管越南有数千个岛屿，但是多数人仍然选择在不受到狂风大浪影响的沿海（而不是海岛）世代生存。对海岛的移民也只是在政府的广泛动员以及提供优惠政策之后才逐步开始。

越南海洋学家陈庭天博士也同样认为观念是海洋战略实施过程中的一个桎梏。他认为，越南人的观念中，“农业意识”要远多于“海洋意识”，“他们站在海边，望着大海，而不是深入大海，更没有成为大海主人的强烈愿望”。[②] 事实上，与越南社会长期存在的丰富而浓厚的“农业文化”相比，不少越南人的脑海中几无“海洋文化”的概念。从另一个角度看，正是人们的这种意识造成了对海洋的日益严重的生活污染。无论是前来海上旅游的人，还是出海捕鱼靠海为生的渔民，都没有注意到必须自觉对海洋环境的保护。此外，越南官方也承认，还有相当一部分地方官员并没有充分意识到海洋对国家经济发展与国防事业的极端重要性。

对于越南政府推行“海洋战略”来说，这种制约和影响虽然是一种潜意识的，并不明显，但却是根深蒂固的，它的影响可能是深远的。它意味着有相当一部分人对“海洋战略”的参与热情和积极性远不如政府所期望的那样，从而导致这一战略在实际执行过程中的“举国性”在一定程度上被大大打了折扣。

（七）军事上的限制

虽然越南海军曾在世纪之交便制订了10年发展计划，力图打造现代化的海军，并从国外大量购买先进的舰艇和战机，以谋求形成

---

① ［越］范青崔：“从至2020年海洋战略看文化层面面临的挑战”，载《建设与规划杂志》2007年第3期。

② 同上。

对我国海上的某种局部优势。但是，一方面由于越南订购的外国先进军舰、潜艇尚未完全形成战斗力（从订购到交付及使用培训需要一定的周期）；而另一方面，越南海军基础薄弱，缺乏高素质、高水平的指挥人才、专业人才。目前，越南只能生产2000吨以下的中小型船只、舰艇，仅能修理部分型号的作战飞机、舰艇，不能生产大型舰只和重炮，而舰载雷达、导航和声呐等电子信息系统则完全依赖于国外军火市场，这就不可避免地存在维修、保养以及零配件供应方面的问题，以至于受到相当大的制约。中国海军专家李杰认为，在越南的现役舰艇中，携载的武器以各种口径的舰炮为主，且只有2艘排水量为110吨的微型潜艇。越南海军虽然引进了一些先进装备，如较先进的潜艇、战机等，但远没有形成系统配套的作战能力，在没有先进的侦察、监视、预警、指挥控制系统和电子战系统支援的情况下，越军引进的潜艇很难发挥最大作战效能，这种存在瓶颈和短板的海军在系统齐全的强大海军面前，仍然非常脆弱。[①] 虽然2014年起越南从俄罗斯购买的6艘“基洛”级潜艇正陆续列装，但要充分形成战斗力以及未来潜艇的零配件的更换却并非轻而易举之事。

因此，在未来几年中，越南海军仍摆脱不了近岸作战的防御型海军的范畴。这将制约其“海洋战略”中的有关海上积极防御体系与海上安全计划的落实与实施，至少有短短时间内如此。

（八）民族主义的两面

对越南政府来说，在复杂的政治环境中，国内的民族主义情绪具有两面性，是一种典型的“双刃剑”：一方面它可以被利用来向与其有着争权之争的中国施压；但另一方面也有可能在失控之后而伤及自身。此正是“水能载舟亦能覆舟”的道理。为了推动《跨太平

---

① 肖晶晶：“中国专家：越南海军在强大海军面前非常脆弱”，环球时报网2009年5月13日，http：//mil. huanqiu. com/Observation/2009－05/459491_ 2. html。

洋伙伴关系协定》的谈判进程，在美国等域外势力的煽动下，越南国内一些反华势力和民族主义分子拿越南对华的贸易逆差来大做文章。的确，多年来持续不断的贸易逆差，使越南国际收入失衡状态不断积累，迫使其不得不寻求国际借贷缓解国际支出的需要，相比之下越南则在中国的贸易伙伴中排名第22位。[①] 这也被部分越南媒体和反华人士炒作，称这是来自于中国除海上安全之外的另一大威胁，要求越南政府在经贸领域不断“去中国化”，主动迎合域外势力共同孤立中国。然而，2014年发生的“981”平台事件在越南国内引的流血冲突及打砸抢行动显示，一旦民族主义势力迅速高涨，并将矛头指向越南政府，在域外势力的配合下，越共的垮台便指日可待。“皮之不复，毛之焉存”，越南的“海洋战略”如何能推动下去呢？

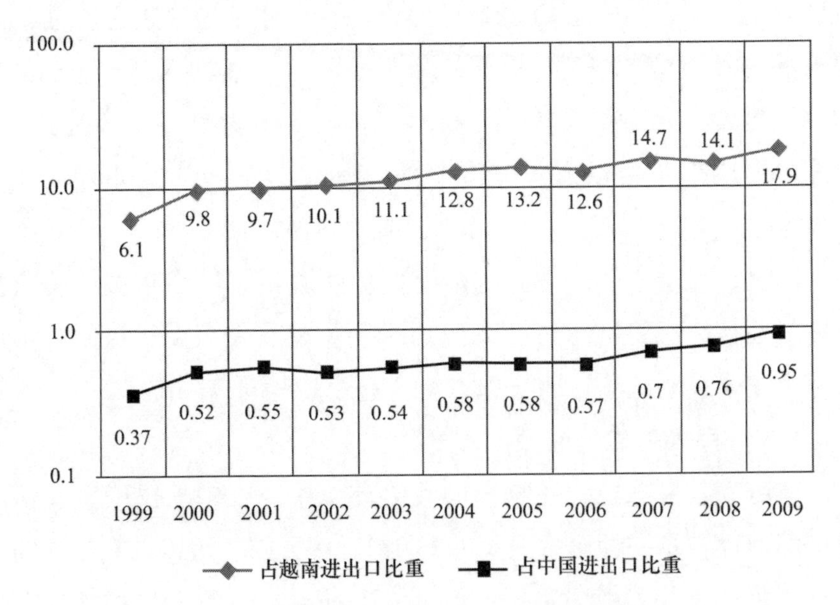

图8.1　中越贸易占两国进出口总额比重（%）

① 周增亮：《中越经贸关系中的贸易逆差问题》，载《东南亚纵横》2009年第1期。

数据来源：中国商务部网站。

上述种种存在于其内部的制约因素尽管并非皆能直观到，但是它对越南“海洋战略”的影响却是实实在在的，且是深远和潜移默化的。如果这些制约因素无法及时得到纠正与改善，那么它对越南推行“海洋战略”的实施所产生的制约性影响将是至关重要的。

二、 来自外部的制约

来自外部的制约因素中首先是中国因素。在南海争端国中，越南与中国的海上争端不仅涉及的海域面积最为广阔——争议区域高达南海的80%，时间持续最长，而且争端程度也最为激烈，不时剑拔弩张，双方为此还曾于1988年发生过海战，并于2014年5月起爆发了长时间的海上对峙。而越南的海上防御部署体系及谋求的“局部优势”主要就是针对中国的。这是因为南沙群岛和西沙群岛历来便是中国的领土（越南过去还曾公开承认过），越南是在中国的领海开发包括油气资源在内的海洋资源，在中国的岛屿上构建所谓防御体系，这理所当然会遭到中国的谴责、抗议，甚至武力驱逐，“981”石油平台对峙事件就是最好的例子。近期来，围绕海上主权争端而引发的紧张局势不时出现，尤其是中国的扩礁为岛的做法令越南无计可施。在越南政府看来，中国不可能容忍越南继续在海上的蚕食行动，必将对此作出强硬反应。随着中国综合国力及海上实力的进一步增强，尤其是海军的日益强大，这一方面将对越南起到非常明显的震慑与威慑作用，制约其在我南海海域为所欲为；另一方面，将加大其防御压力，迫使越南投入更多的精力和财力，来不断提高其海上防御能力来进行应对。2011年初春，有关中国第一艘航空母舰可能不久在南海下水的新闻在西方媒体的炒作下传得沸沸扬扬，越南军方立即对此表示“十分关注”。[①] 同时，有关中国于2014年、2015年开始在永暑礁、赤瓜礁等礁石上扩礁建岛的做法也引起了包括越南在内的的南海声索国的不安——这将在海上对某些国家形成某种钳制和威慑。在未来，这种制约因素将一直伴随着越南的“海洋战略”的实施全过程。

其次，作为东南亚军事实力最强、长期经历过战争的越南在1995年加入东南亚国家联盟之后，其军力的持续增长给其他东盟成员国带来了一定的恐慌和疑虑，如泰国就一直对越南持续增长的军事实力保持着较高的警惕性。因为越南曾经有过侵略邻国柬埔寨的不光彩的历史记录，其欲打造印支联邦的梦想也一直让东盟国家感到不安和警惕，特别是近期来其在东盟内争夺话语权欲充当“大佬”的做法更让一些国家提防。而身为东盟秘书长的黎良明更是不顾自己的公职身份，公然在南海问题上私自表态，令东盟国家如鲠在喉。[②] 同时，由于国家政治经济制度的差异和一些历史遗留问题的存在，越南与一些东盟成员国之间仍然存在着较大的隔阂，彼此信任度不高。最重要的是，越南与马来西亚、菲律宾及文莱等国还存在着领土、领海主权方面的纷争，其中与菲律宾存在的领海争议最大，双方经常为渔业纠纷相互指责。印尼在佐科总统执政之后围绕其推出的“海洋强国”战略推行了一系列强硬的海上举动，包括屡屡炸毁越界捕鱼的外国船只、逮捕外国渔民，其中（被炸毁的）来自越南的渔船最多，不时引发两国外交风波。而马来西亚则与越南对海上领土要求有着重叠；文莱也占据着被越南认为是其领土——南海中的一处岛礁。再从具体实践来看，自东盟成立以来，内部存在的矛盾与领土争端始终不断，不同程度地伤害了各成员国之间的安全

---

① 凤凰网：“越南军官指中国航母舱室设计尤其适合炎热南海”：http：//news. ifeng. com/mil/jqgcs/list_ 0/0. shtml。

② “我外交部发言人奉劝东盟秘书长不要假公济私”，新华网：http：//news. xinhuanet. com/politics/2015 -03/11/c_ 127570456. htm。

合作关系，埋下了爆发冲突的隐患，其中柬泰边境冲突凸显出东盟成员国之间的不和谐。越南《全民国防杂志》指出：“东南亚地区是一个相对和平、稳定和在当今经济发展中最具发展潜力的地区。但是这里也有潜在的不稳定因素，最突出的是在东盟成员国之间……存在着领土、领海和岛屿之争，特别是东海（即中国南海），被认为是潜在的‘热点’之一。”[①] 2009年6月，当越南联手马来西亚向联合国大陆架界限委员会提出海洋“划界案”时，中国与菲律宾共同表示反对，导致这一提案“胎死腹中”。2011年10月15日，中越两国在北京签署《关于指导解决中越海上问题基本原则协议》，菲律宾政府立即就此提出了抗议，声称这一地区的领土争端涉及多个国家，而不应该由中越双方来解决。菲律宾媒体援引总统阿基诺三世的话说，有关南沙群岛的问题应该通过多边，而不是双边讨论解决。菲律宾的立场是，多边解决是最好的方式，不全面解决纠纷就等于没有解决纠纷。[②] 2012年1月，文莱扣押越南的9名渔民长达一个月的时间，引发了两国激烈的外交纷争[③]。

可见，随着越南推行其“海洋战略”步伐的加快，尤其是在向深海进军的发展过程中，来自东盟一些国家的质疑与反对以及他们相互之间的矛盾、分歧将肯定会对越南的海军建设及海洋发展战略带来某些制约。

第三，近年来，随着越南和美国双方在南海出现了某种“战略共性需求”[④]，越美两国的关系也在逐渐正常化之后走向密切，除以TPP拉拢越南推动“去中国化”之外，军事上的合作也在不断拓展，意图共同削弱中国的影响力。但是这却是一把“双刃剑”，越美军事

---

① ［越］黎友东：“东海，依然是争端的热点”，载越南《全民国防杂志》，2009年第4期。

② “阿基诺强调多边解决海上争端是最好的解决办法”，菲律宾《每日间询者报》2012年1月20日第4版。

③ 古小松主编：《越南报告：2012—2013》，世界知识出版社，2013年版，第256而。

④ 部分学者将美国与越南在南海问题上出于遏制中国的共同目的称之为“战略共性需求”，参见鞠海龙：《亚洲海权地缘格局论》，时事出版社，2009年版，第210页。

合作在满足两国共同的战略诉求，并为越南带来军事变革的同时，一方面，加剧了东盟内部对谋求提高军事实力的越南的不信任；而另一方面，越南与美国之间所存在的问题同样不可忽视。

从战略角度考虑，作为世界上头号大国，因金融风暴而导致实力受到削弱的美国迫切希望展示自己在东南亚、南海的存在，遏制可能赶超美国的中国，而越南也希望利用美国来平衡、遏制其他大国对越南、对南海的影响，主要是中国。但是美国常常利用民主、人权等问题给越南施加压力，干涉越南内部事务，并对越南商品出口实施多种限制，引发越方不满。2011 年初，在越共“十一大”召开之际发生的一个插曲就是最明显的例子。在本届党代会的前几天，美国驻越南一位外交官克里斯蒂安·马查特专程前往越南中部探望被软禁在顺化的越南神父阮文黎，遭到了越南警方人员的阻挡，双方发生了言语冲突，并有“肢体接触”。事后，美国国务院就其外交官遭“粗暴对待”向越提出了正式抗议，声称破坏了《维也纳外交关系公约》①。根据媒体的报道，这名外交官被越南警方人员摔倒在地，之后被塞入车内，还被车门反复夹击，伤得不轻。② 其实，越南神父阮文黎打着宗教的旗号行颠覆国家之实，与西方势力沆瀣一气，否定越南共产党的领导，是美国政府眼中一个“坚定的政治异己分子”，而美国派出外交官专程探访自然另有目的。美国的这一举动充分表明尽管美越两国都有着针对中国的“战略共性需求”，但美国颠覆越南共产党领导的政治企图并没有任何改变。越南政府在事实面前遭遇当头棒喝：与美国的任何形式的接近都将付出惨重的政治代价。2014 年 5 月初因为我“981”石油平台在我传统海域的正常作业而引发的越南国内的反华浪潮，最终被证明得到了总部设在美国

---

① “外交官遭警察‘粗暴对待’，美国向越南提强烈抗议”，新加坡《联合早报》2011 年 1 月 7 日，第 2 版。

② “美外交官与越南警察互殴”，《青年参考》2011 年 1 月 11 日第 4 版。

的反越势力的暗中支持。[1]

此外，在越南国内，越战阴影并未完全散去，在美国于越战期间投放的落叶剂[2]中伤残的越南人至今未获得令他们满意的赔偿，民间的对美敌对情绪依旧浓厚，战争后遗症依旧存在。在意识形态完全对立的情况下，两国政治互信度始终不高，越南在团一级部队中设有“防和平演变委员会”这一机构，所设防的正是以美国为首的西方国家。由此看出，一旦越南的军力增长威胁到了美国在东南亚的盟国（如菲律宾、泰国等国）安全，并呈现出地区霸权主义的苗头时，美国必将出面“敲打”，绝不会听之任之，因为在历史上越南曾经有过出兵入侵柬埔寨推行地区霸权主义以实现其“印支联邦梦”的先例。显然，这种盘根错节、错综复杂的双边与多边关系对越南谋求海上“积极防御”也将会产生制约或一定的不利因素。

---

① 成汉平：“越南，美国的不沉航母”，载《学术前沿》，2014年7月号。

② 落叶剂是一种工业合成的毒液，其作用是杀死植物或使其叶子一夜掉光。落叶剂的有效成分是二恶英，而二恶英是一种剧毒物质。1967—1971年，越南战争期间，美国军方在越南丛林地带大量使用落叶剂，以暴露北越士兵的伏击地点。然而落叶剂并没有扭转战争局势，反而造成大量人员死亡、致残，至今仍有数千名越南儿童因落叶剂间接造成先天畸形。

第九章　越南“海洋战略”的未来发展趋势预测

准确地分析判断越南“海洋战略”的下一步发展趋势与走向，对中国制定出相应的应对对策提供了重要的参考。从当前越南国内对“海洋战略”的执行情况、区域外势力的介入程度以及南海争端最新动态等诸多因素中推断出这一战略具有以下几个方面的发展趋势。

第一节　经济上，海洋经济发展步伐将提速

随着南海海域主权争议的加剧、区域外大国的不断主动卷入，以及南海海域的空前复杂程度、石油战略资源的重要程度日渐凸显，越南在海上，尤其是争议海域进行勘探、开采油气资源、扩大海产捕捞的步伐将会进一步加快，其海洋经济已被置于一个重要的地位，并始终被寄予厚望。这是基于以下依据而得出的结论：

一、争议越激烈开采步伐就越快

21世纪是海洋的世纪，南海的争议渐成世界一大热点；而在

2014年之前的过去10年中，石油价格上涨了10多倍，多国联军于2011年3月空袭利比亚以及2013年以来叙利亚的乱局又使国际原油价格进一步上扬。尽管2014年因西方制裁俄罗斯而导致石油价格不断下挫，但不可否认的是，石油渐成一种重要的战略博弈操盘手。对此，越南政府的战略考量是：一方面希望南海争议进一步朝向国际化、多边化的方向发展，不断增加其复杂程度，以影响中国解决南海争议问题的决心与信心，尽可能地延缓中国解决南海问题的进程，形成某种既成事实；另一方面则试图尽快将争议海域的海上资源全部占为己有，以此来提升其国内的经济水平与综合国力。

首先，越南对其自身国力和实力有着清醒的认识，因此认为在不足以抗衡其他争议国（主要是中国）的背景下，必须利用目前已是实际占领者与控制者的有利条件，不惜一切代价加快海上资源的开采行动步伐。否则，随着争议的复杂程度不断加剧，尤其是其他争议国（主要是中国）在海上实力的提升，其彻底解决主权纷争的决心也可能因此而形成，越南在未来的海上开采行动也会因此产生不可预测的变数，重要的是，到手的资源有可能戛然而止。2011年春季，随着中国第一艘航空母舰“辽宁号”已经在南海服役的消息见诸于西方媒体，越南政府和军方顿时预感到在未来南海争端中一种危机的到来，往日的平衡将被打破。[①] 而2014年中国开始在南海扩礁建岛更令越南束手无策。同时，如本书中多次提及，凭借着多年来在海上的大规模开采行动，越南政府已经从中尝到了巨大的甜头，依靠丰富的海洋资源，尤其是海上石油天然气资源已经极大地提升了越南的国家经济水平和综合国力；其次，历史事实表明是，利用地域、海域上的便利先下手为强是越南在海上行动的一贯做法。在历史上，当1975年春季统一南北方之际，北越的海军力量根据越共政治局和越共中央军委的指示，于当年4月采取秘密出动，从南

① “中国航母令越南紧张”，载《参考消息》2011年4月12日第一版。

越军队手中“解放”了“长沙群岛”（即我南沙群岛）中的“西双子岛”（我称南子岛）、“山歌岛”（我称沙岛，即敦谦沙洲）、“南谒岛”（我称鸿庥岛）、“生存岛”（我称景宏岛）等岛屿，控制了我南沙群岛神圣领土的部分岛礁。[1] 当南海争议问题还未引起有关国家广泛关注的时候，越南便开始埋头勘探、开采南海油气资源，并与西方大国进行全方位的广泛合作。当1989年西方对中国实施制裁的时候，越南又认为天赐良机，在不断于南海争议海域频繁宣示主权的同时联手西方主要国家，一步步扩大勘探开采的范围，颇有趁人之危的做法。此外，利用海洋资源提升国力、改善生活，已经在越南国内深入人心，而在海洋争端问题上所爆发的极端民族主义情绪也变得日益浓厚，这也将极大推动开采步伐，以攫取更多的海洋利益。第三，地区局势的不稳导致油价持续性波动（主要为上涨）也将促使越南不断加快自己的开采、勘探步伐，同时还可借机在与中国的争端中凸显其重要战略地位。自2010年来，石油价格一路飞涨，尤其是随着2011年初由突尼斯开始的北非、中东局势突变，联军空袭利比亚、叙利亚局势剪还乱，国际石油市场的石油天然气价格不断上升。各国普遍担忧将会重演20世纪70年代初第四次中东战争的一幕：1973年以色列与阿拉伯国家之间的战争导致中东石油供应中断，石油价格猛涨，从而引发了第一次世界性石油危机，一度造成多国石油进口中断，给经济带来巨大损失。在这一背景下，加快在南海海域大规模开采油气资源的步伐，既可比以往获取更多的经济利益，同时更重要的是也能够借机凸显自己的重要国家地位及对区域外大国的吸引力。此外，除了最具有战略意义的石油和天然气之外，在南海大陆架上还不断发现丰富的矿产资源。它们虽然暂时还没有像石油天然气资源那样经常引起争端，但其潜在战略价值与意义同样不可低估。越南没有理由不加快开采行动的步伐。

---

① 参见于向东：“古代越南的海洋意识”，厦门大学博士学位论文，2008年5月，第67页。

从1986年6月，越苏油气联营企业在白虎油田采出第一桶原油开始，到20世纪90年代中期时，越南已发现并开采了无数个油田，很快便由一个贫油国转变成为世界上有一定影响的原油开采和出口国。纵观整个海上油气发展历史过程，越南的勘探和开采步伐始终是在加快之中的，而随着争议的加剧，这一步伐将比过去迈得更大、更快、更加急迫。

二、 海洋经济增长被提前纳入国家发展规划

如本书的第七章有关越南“海洋战略”的影响与意义中所论述，越南的海洋经济对其国家发展战略有着十分重要的影响力，尤其是石油已经成为越南的国家支柱产业。多年来，越南为了吸引投资发展油气产业，加强油气领域的管理，已先后制定了与海上油气开采和油气业有关联的法律近200项，有关规定100余项。[①] 这是任何一个海洋国家都无可比拟的。事实上，越南在未来的海洋经济增长已经被政府部门提前纳入了国家的发展规划之中，是一种“预支的增长”。早在21世纪初，越南政府在其制定的《2010年油气发展战略》中提出，年油气开采量必须达到3000万吨，而为了实现这一目标越南油气集团每年需要新探明油气储量约4000万吨，[②] 在当时看来是一项几乎不可能完成的任务，就行业发展规律而言也是一项超常规的任务。为完成这一艰巨任务，越南已经在其北、中、南部三个地区分别建设三家大型炼油厂，其中投资高达25亿美元位于中部广义省的榕括炼油厂已经于2009年3月率先正式运行，比原计划提前了整整一年。该炼油厂的设计年加工原油能力为650万吨。越南

① ［越］胡文富：《越南油气领域投资的法律问题》，越南司法出版社，2005年版，第51页。

② Barry Wain, “All at Sea Over Resources in East Asia”, *Korea Times*, August 23, 2007 p. 126.

油气集团以超常规的速度来完成超常规的任务。在这一背景下，投入持续加大，步伐不断加快，并且均超出了常规。

2011 年 1 月中旬，越南共产党第十一届全国代表大会在所作出的决议中对未来五年的规划是：到 2015 年，越南的人均 GDP 必须达到 2200 美元。在国际金融危机影响依旧、越南国内通货膨胀日益加剧的情况下，要实现这一目标存在着不小的困难，但越南政府把希望重点寄托在了海洋经济的拓展上。这意味着无论在未来是否会面对任何不利的内外因素，不管南海争议会出现什么意外，越南的海洋经济必须按照超常规的高速来实现和完成，这一切不容商量，因为海洋经济增长已经被提前纳入了国家的发展规划之中。

此外，按照《至 2020 年越南海洋战略》中的规划目标，在 2010 年至 2020 年的未来 10 年之中，越南的海洋经济将必须达到占国家 GDP 的一半左右，甚至必须逐步超过 50%。其中油气出口必须达到出口总额的 55%—60%。可以预见，在 2010 年之后，越南的海洋经济发展将进入一个关键期，尤其是在 2011 年越共“十一大”以及 2016 年的越共“十二大”召开之后，因为《至 2020 年越南海洋战略》这一目标规划从出台到最终实现，迄今为止已经过去了三分之一的时间，因此越南的海洋经济必将全面提速，否则难以实现上述既定的目标。

三、 来自政府高层的巨大压力

越南政府高层近年来不断通过各种公开活动肯定、表扬、表彰越南国家油气集团（Petrovietnam），肯定它们为国家所做的杰出贡献，并公开表示越南海洋经济是国家经济的“领头羊”。[①] 这既是一种动力，同时也是一种无形的压力。这种状况也将会迫使越南油气

① 游明谦：“迅速发展中的越南油气业”，载《东南亚纵横》2002 年第 9 期。

部门、海洋渔业部门等涉海经济领域加快自身建设与发展的步伐，想方设法提高产量，同时这也将在各产业部门、各领域之间展开激烈的相互竞争。

2010年6月13日，越南油气集团举行了隆重的表彰仪式，接受由政府所授予的金质勋章——这是越南共产党和越南政府所授予的最高荣誉。时任越南总理阮晋勇亲自出席授勋仪式，并亲手在旗帜上挂上了勋章，同时为油气集团下属的油气业务股份总公司（PTSC）授予了“劳动英雄”的称号。阮晋勇代表越南共产党中央委员会、越南政府高度肯定了“越南油气产业50年来在建设祖国和保卫祖国的事业中所作出的杰出贡献和取得的巨大成就”，强调了越南油气业的经济排头兵的作用，并要求越南油气业继续参与保卫海上主权的行动，同时逐步加快发展步伐以使本企业使成为本地区的具有影响的特大型产业集团。①

根据时任越南总理阮晋勇于2010年5月所批准的《到2020年越南岛屿经济发展规划》中的要求，越南海岛经济必须为全国经济作出巨大贡献，必须使海岛经济年均增幅达到14%—15%。这一规划还将优先投资发展富国岛（建江省）、云屯岛（广宁省）、昆岛（巴地—头顿）、姑苏—青林（广宁省）、吉婆—吉海（海防市）、李山（广义省）和富贵（平顺省）等岛屿。可见，越南政府高层通过多种举措不断地向海洋经济部门施加着各种各样的压力，以促使海洋经济不断上新台阶。

从实际情况来看，如今的越南国家油气集团的确已经成为越南国家经济建设中数一数二的经济集团。该集团已经拥有了许多先进的工艺技术，形成了勘探、开采、加工、经营、提炼及出口一条龙体系，并与世界上多个国家签署了勘探、开采及生产方面的合作协

---

① “越南油气接受金质勋章”：越南越报网 2010年6月14日，http：//www. vietbao. vn. Tập đoàn Dầu khí quốc gia Việt Nam đón nhận Huân chươngSao vàng. htm 14－6－2010。

议。因此，也完全具备了加快油气开采、提炼与加工步伐的能力。

由此可见，为了在争议海域尽快将所有的资源全部占为己有，越南政府所采取的是先下手为强的做法，以免夜长梦多产生变数，在未来越南必将进一步加快海上油气资源、渔业资源、大陆架矿产等所有海洋资源的攫取步伐。同时，这也是由越南海洋经济在其国民经济中所占的比重所决定的。政府向海洋要增长、向海洋要经济——这样的趋势在越南将会长期存在下去。

第二节　法理上，歪理邪说将越来越离谱

在加快实施海上开采计划、最大化攫取海洋经济利益的同时，越南在法理上的准备工作也将加快步伐，且将在未来越来越离谱。在南海争端国中，越南是唯一提出对南海群岛拥有全部主权的国家，也是唯一提出拥有南海主权“历史依据”的国家，同时还是坚决否认我断续线（U形线或“九段线”）存在的国家。越南早在20世纪70年代就已经非常重视加强涉及海洋疆域、海岛主权和海洋管辖权的立法工作，[①] 这在本书第一章中也已经论述，而近几年来紧紧围绕着主权归属问题的所谓法理准备工作则达到了登峰造极的程度。越南政府不断挖掘出所谓“历史依据”来证明南沙群岛和西沙群岛历来就是“属于”越南的领土，以此来欺骗其国内舆论，迎合区域外大国淡化中国在南海拥有主权的做法。事实上，从1975年北越军队秘密抢占我南沙岛屿、岛礁开始，越南一直在制造并强调所谓“有效管控”的论调，在政治上寻求拥有南沙“主权”的法理依据，几十年中这一步伐一刻也没有停止过，随着大国的卷入近年中又明显

① 于向东：“越南全面海洋战略的形成述略”，载《当代亚太》2008年第4期。

加快了步伐，并将在未来继续加快这一步伐。这一做法有着其深远的战略考量。

一、总书记下达“动员令”

20世纪70中后期和80年代初，随着现代海洋意识的增长，在与中国国家利益激烈冲突、国际与地区地缘政治关系剧烈变动的背景下，越南南越和北越先后发表4个白皮书和大量论著，开动舆论宣传工具，从理论上与中国就“黄沙”和“长沙”群岛（即中国的西沙和南沙群岛）主权归属问题进行公开论战。在越南的白皮书和论著中，其历史依据的基本出发点都是一致的，即引述《抚边杂录》《大南实录》等古籍的记载，强调越南早已意识到“黄沙、长沙”群岛的存在，早年便成立有“黄沙队”等生产单位，声称“各个朝代的越南封建政府是首先以国家的资格占有这些群岛并行使主权和进行开发者”。[①] 如今，在越共中央和越南政府的统一部署下，又以所谓在民间挖掘、发现的“历史记录”——“证明”南沙、西沙在历史上即为越南领土，来混淆视听、颠倒黑白、欺骗舆论。

作为党内的一号人物，2007年1月24日，时任越共中央总书记农德孟在越共十届四中会全上对《至2020年越南海洋战略》的报告作总结发言时发出了“战斗动员令”。[②] 他在当时所强调的“要发扬革命战斗精神，挖掘历史，及时补充、完善各种涉海法律、法理依据”[③] 无异于向越南党内外、国内外（越侨）发出了强有力的动员令，这等于要求越南的史学界、海外越侨和其他部门尽快挖掘到所

① 戴可来、童力：《越南关于西南沙群岛主权归属问题文件资料汇编》，河南人民出版社，1993年版，第120—121页。

② ［越］刘文利：《越南在东海争端中的历史依据与法律立场》，越南事实出版社，2008年版，第149页。

③ ［越］农德孟：“在越共十届四中全会闭幕式上的讲话”，越南《人民报》2007年1月21日第1版。

谓“有价值的历史依据”，以此来“充分说明”南沙、西沙群岛“历来就属于”越南的领土。在党和国家领导人的号召下，越南的所谓“法理准备”开始大踏步迈进。

2009年6月26日，越南共产党电子报网站上报道称，该国文化研究家潘顺安向外交部移交了有关越南对“黄沙”主权的、标有保大皇帝御笔签名的奏折。[①] 随后，承天顺化省文化体育旅游厅举行了隆重的向越南外交部移交的仪式，以使其补充到有关“越南对黄沙群岛不可争辩主权的法理证据的历史资料档案”之中。同年12月14日，承天顺化省富禄县荣美乡美利村的村民又向承天顺化省移交了有关越南对“黄沙群岛”“拥有主权”的汉字文本。12月25日，越南文化研究家潘顺安在顺化市玉山公主祠堂再献赠一个有关阮朝对“黄沙群岛”主权的奏折。根据越南媒体的报道，这本新的奏折是潘顺安在家中的书橱里找到的，书上标明的日期是保大13年12月15日，即1939年2月3日。这是御前文房范琼奏禀保大皇帝批准中圻钦使的建议，向因在执行保护黄沙群岛任务时牺牲的顺化绿裤兵第一管辖长官Louis Fontan追颁四级龙星奖状。在接受奏折时，保大皇帝在奏折左边用红笔批准奏折并签名“BD”(“保大”越文拼音的第一个字母)。[②] 越南共产党电子报网站称，这是一年之内在承天顺化省找到并移交给国家能够证明越南对“黄沙群岛”主权的第三本奏折。

2010年1月，经过三个多月的搜集和准备，越南的黄沙博物馆在广义省正式对外开放。博物馆里共收藏了与“黄沙”兼管“长沙”海队有关的100多份国内外文物、资料和图片。广义省文化体育旅游厅还提请越南国家文化体育旅游部将李山县黄沙兵犒劳仪式

① “献赠肯定越南对黄沙群岛主权的奏折”，《越南共产党电子报》2009年12月28日。
② 同上。

升级为国家级具有特征性和代表性的海岛文化节。[1] 2011 年 7 月，越南前外交部部长阮孟琴在接受访问时声称，南海和西沙群岛的历史应该被列入越南的所有教科书中，以加深儿童和青年对“越南领土主权的意识”。[2] 越南国会议员杨忠国也建议，国会应该颁布相关议决，展现越南对南海问题的立场，一方面为了“维持和平”，另一方面确保越南“对南海和西沙群岛拥有主权”。[3]

2012 年 8 月，越南官方出版社出版了《国际法中的大陆架》和《东海上的越南烙印》（即中国南海，下同）两本新书，这两部新书对我南沙群岛的归属及历史颠倒黑白、混淆是非，误导舆论。其中，《东海上的越南烙印》全书共有 398 页，共有四章。第一章，越南海岛在“东海”（即中国南海）上的地位和作用；第二章，确立越南各海域和大陆架一事；第三章，越南在黄沙和长沙两个群岛上的主权确立和实施过程；第四章，南海争端：现状与措施。此外还有附录部分，包括：越南国家有关越南海域和大陆架的正式文件；一些科学家对南海问题的研究论著等。总之，颠倒了整个历史事实。

越南越报网 2012 年 7 月 25 日在其文章中声称，他们找出了一幅中国出版于 1904 年的地图——《皇朝直省地舆全图》，称上面清晰地显示，中国的最南端只到中国的海南，并不包括南沙群岛和西沙群岛。[4] 对于这一地图，越南方面如获至宝，大肆宣传。越南胡志明市历史科学协会人员范文黄（Pham Van Hoang）表示，越南应该扩大宣传这些地图，让中国大陆的人民也知道这些历史真相。他认为，越南有很多西沙和南沙群岛主权的证据，周边邻国也有类似的

---

① 《越南共产党电子报》：“搜集与黄沙海队有关的 100 多份资料和文物”，2010 年 1 月 4 日：www_ cpv_ org_ vn-. mht。

② 朱盈库：“越南前外长称应将南海历史列入教科书”，载《环球时报》2011 年 7 月 22 日第 2 版。

③ 同上。

④ “中国最南端只到海南”，越南越报网：http：//vietbao. vn/The-gioi/Cuc-nam-Trung-Quoc-chi-den-dao-Hai-Nam/75343874/159/。

资料。（越南）国家应尽快展开收集和研究，除了让国际舆论了解真实情况，以巩固谈判桌上的筹码。[①] 显然，我们所面对的越南其歪理邪说越来越离谱。

果然，越南《共产党电子报》2012 年 8 月 9 日援引其他学者的话声称“中国学者无法拿出长沙群岛和黄沙群岛属于中国的历史依据”，并强调了原因何在，声称“因为历史事实只有一个，即它属于越南”。[②]

应该承认，在涉及海上主权的舆论宣传方面，越南已经走在了我们的前面，尽管全是歪理，而未来更是不断强化。通过观看越南的网站聊天记录得知，“东海永远是越南的”（越南将南海称为“东海”）这一概念在越南网民内心中已经根深蒂固。一位颇具代表性的网民这样表示：“试问我们的‘中国朋友’，如果你们那么确信帕拉塞尔和斯普拉特利群岛是你们的，请拿出可以令人信服的历史和科学证据来呀！如果你们认为因为中国是个强大的国家，因此整个南中国海就必须是你们的，不要忘记，越南人为了保卫祖国可以战斗到最后一滴血。”[③] 聊天记录里还充斥着对中国在南海问题上的仇恨，越南国内甚至还有人专门设立了“ANTI－CHINA”这类的反华网站，置中越两国的传统友谊于不顾，大肆发表博客文章攻击中国，而起因则都是因南海问题而起。在越南官方，由越共中央负责的越南共产党电子报网站（http：//www. cpv. org. vn）特别开辟了针对中国读者的中文网，每天都在做内容更新，但围绕南海问题反复强化的正是“拥有南海主权”这样的概念。可见，在南海问题上，越南早就在私下里已经充分做足了所谓主权归属的舆论宣传，这在其国

---

① “中国最南端只到海南”，越南越报网：http：//vietbao. vn/The-gioi/Cuc-nam-Trung-Quoc-chi-den-dao-Hai-Nam/75343874/159/。

② 越南共产党电子网：http：//www. cpv. org. vn/cpv/Modules/News_ China/News_ Detail_ C. aspx? co_ id = 25754194&cn_ id =537117。

③ 新浪网：“震惊，越南网民如此评论南中国海局势”，2009 年 6 月 25 日，http：//blog. sina. com. cn/s/blog_ 49e4b6370100dp86. html。

民的心目中已经变得不可动摇，未来则将会代代相传。

二、积极争取区域外势力支持

除了在国内寻找所谓“法理依据”之外，越南还在国外展开行动。2010年初，越南外交部发动海外侨民、留学生以及驻美外交机构与美国国家地理协会进行交涉，要求取消其发行的世界地图中在我国南沙群岛中标有“CHINA”（中国）的字样。2010年3月25日，美国国家地理协会作出了最后的决定，声称本着公正、客观及对任何变化都有“独立判断”的做法，今后出版的任何小型世界地图，都只标“Paracel Islands”（西方国家习惯称我西沙群岛为“帕拉塞尔”——作者注）这一个称谓，不再在该字的下方以括弧的方式标注“CHINA”；而对于大型的各大洲地区地图，除了“Paracel Islands”，还将增加这样的标注：中国于1974年占领，称之为西沙，越南对此宣称主权，并改称为“黄沙群岛”。[①] 这是自从越南与我国就南海主权出现争端以来，美国方面首次作出的重大立场变化。同年4月2日，美国国家地理协会在其官方网站上正式作出了上述改动。美国的这一做法极大地“鼓舞”了越南，越南驻纽约总领事馆又立即要求美国国家地理协会对我南沙群岛也作出这样的表述，并对此提出交涉，同时鼓动在美国的越侨越裔发起请愿，以对此进行响应。这一消息随后迅速被越南国内各大网站和媒体广泛报道，产生了强烈的共鸣，它被视为在与“北方大国”较量中的一大胜利。

值得一提的是，与以往注重海洋立法所不同的是，今后一段时间越南政府和越共中央将会在南海主权归属的所谓法理上做足文章，而2014年5月发生的中越海上对峙无疑是一个分水岭。因为外界

---

① “美国地理协会调整对黄沙［即我西沙］的注释”，越南新闻网站3月26日，Hội Địa lý Mỹ điều chỉnh chú thích về Hoàng Sa. htm 26－3，VNEXPRESS. NET。

（主要为美国和日本）越来越公开地选边站队——站在越南一边，公开支持越南提出的任何主权主张的依据。这完全是一种先占领、后强词夺理的行为。以2014年5月发生的中越海上对峙为例，在事发之后，越南立即向包括联合国、东盟在内的国际组织及国际社会广泛散发相关材料，声称对南沙和西沙群岛拥有主权，并将海上局势紧张的责任全部归咎于中方，甚至还一度传出了所谓联大主席约翰·阿什表态支持越南的说法（后其本人断然否认）。[①] 此举表明，越南方面对海上事态演变过程中争取外界支持有着充分的诸多预案。正如本书第七章在论述越南"海洋战略"的目的时指出的那样：试图永久性地非法占有我南海岛屿几乎已经成为越南决策层不可动摇的最主要、最根本的目的，围绕这一目的必须动用一切手段来予以推动。

由此可见，在越共党中央的号召下，越南在所谓主权归属上的法理工作也将会进一步加快步伐，当然尽是些站不住脚的歪理邪说。一是可以配合国际形势的需要，即以此来欺骗国际舆论，尤其是赢得一些别有用心的区域外大国的支持，配合某些大国逐步淡化南海主权属于中国的概念，从而达到与他们一拍即合，在南海问题上共同向中国叫板的目的；二是一旦未来在南海海域出现与中国的军事冲突或中国以武力来收复被越南占领的岛屿，那么就可以以"恶人先告状"的方式控告中国"侵略"越南领海，步菲律宾的后尘，以期博取国际舆论的广泛同情；第三，就越南国内来说，此举的目的还旨在彻底推翻其领导人过去曾经多次承认南沙和西沙是中国神圣领土的表述，彻底改写这段历史，以达到使"南沙属于越南"成为不可逆转的事实，并世世代代传承下去的目的。

---

① "联大主席否认支持越南立场 发言人连用三个'不'"，搜狐网：http：//mil. sohu. com/20140614/n400838236. shtml。

第三节　外交上，处理海上争端将采用两面派手法

在越南的“海洋战略”中涉及到海上争端的对策中，采用两面派的手法不仅并不鲜见，而且将会成为一个重要的趋势。越南两面派的做法甚至可追溯到历史上的不同时期。仅以本书第一章中所述为例，在1958年9月4日，中国政府发表中国领海宽度为12海里的声明，并称该规定适用于中国一切领土，包括东沙群岛、西沙群岛、中沙群岛和南沙群岛等时，越南政府立即表示拥护。同月14日，越南政府总理范文同就此致函周恩来，表示将严格尊重中国领海宽度为12海里的规定。同一时期的越南地图也清楚的将西沙南沙标注为中国领土。直至1974年，越南的教科书中仍这样写道：“南沙、西沙各岛到海南岛、台湾、澎湖列岛、舟山群岛形成的弧形岛环，构成了保卫中国大陆的一道长城。”但在此之后，越南推翻了自己的这一立场。

一、两面派手法将更加娴熟

近年来，围绕自己的“海洋战略”，在与中国打交道时，越南更是公开推行了当面一套背后一套的两面派做法。即当面向我国领导层承诺不会导致南海局势的复杂，并且不会引入外部势力，尤其是美日等国的介入，同时还屡屡言不由衷地强调中越友谊。但是背地里却完全是另外一套。

2011年10月11日，中越两国领导人在北京签署了《关于指导解决中华人民共和国和越南社会主义共和国海上问题基本原则协议》，双方强调妥善解决中越海上问题符合两国人民的根本利益和共同愿望。这本是件好事，有利于南海的稳定，并且得到了包括东盟轮值主席国印尼在内的各方的高度赞赏。然而，仅仅一天之后，12日，越南国家主席张晋创在与印度总理辛格举行会谈后，两国签署了在南海争议海域共同开发海上油气资源的合作协议。在前往日本访问期间，张晋创还与日方领导人签署了意在牵制中国的有关协议。当月下旬，张晋创高调访问菲律宾。他与菲律宾领导人签署了四项协议，其中三项涉及海上合作。这四项协议分别是：《菲律宾—越南行动计划》（2011 年至 2016 年），该计划囊括国防、安全、经济、能源、环境、农业及渔业在内的 13 个领域；菲律宾和越南海军提高共同合作、情报分享的理解备忘录；菲律宾海岸警卫队和越南海事警察建立热线及沟通机制的理解备忘录。越南的这一做法令我方始料未及。

早在一个月之前，即 2011 年 9 月 6 日，中越双边合作指导委员会第五次会议在河内举行。关于南海问题，双方强调要从中越友好大局出发，加强深入沟通，有效管控分歧，妥善处理敏感问题，共同维护南海稳定。双方谈判的效果看似很好，但就在一周之后，印度外长访问越南，双方提及了油气资源开采合作事宜。印度国有石油天然气公司计划进入南海争议海域开发油气资源，越南当即表示“全力支持”。不仅如此，越南政府还得寸进尺，公然要求我向越南归还“越南的黄沙群岛”（即我西沙群岛）。时任越南总理阮晋勇于 2011 年 11 月在国会的一次讲话中以勿庸置疑的口吻称，越南必须提出对这一群岛的主权要求，并与北京举行谈判。他说越南有足够的法律以及历史依据来证实对这两个群岛拥有主权。① 这是越南方面首次作出这一公开的表示，这段讲话由越南国家电视台实况转播。在

① 英国广播公司网站：“越南总理要求中国归还西沙群岛”：http：//www. bbc. co. uk/zhongwen/simp/chinese_ news/2011/11/111125_ china_ vietnam_ paracel. shtml。

2014 年结束了中越海上对峙之后，中方为改善两国关系作出了大量的努力，然而，越共总书记阮富仲于 2014 年 10 月 27 日接见到访的中国国务委员杨洁篪时关于重视对华关系的重要讲话，以及时任越南国防部长冯光清访华时达成的对两国、两军关系未来发展具有重要指导意义的三点原则共识，越南媒体则只字未提。

看来，越南当面总是表示愿意与中国一道共同保持克制，确保南海的稳定；而在背后，它恰恰是破坏南海稳定的一个最大的不稳定因素。越南所谓的“重视越中友好关系”、“稳定两国关系”是建立在中国单方面克制和退让的基础上的。它既要稳定越中关系，保障其周边安全和实际利益，又不愿在南海问题上收手，这是一种两头通吃的企图。在未来，越南的这一伎俩将会一直沿用下云，并发挥到极致。

越南如此两面派做法将令我国政府在处理南海纷争时左右为难，当面越南似乎是一个君子，其信誓旦旦的承诺犹如耳旁，并以此从中方获得大量的援助与投资，依托快速发展的中国经济而得到大量实惠；但背地里却屡屡撕毁君子协定。如此小国心态和机会主义的做法，折射出的既有“政经分离”的战略考量，更有企图使南海争端不断国际化的用意。

二、谋求海洋争端国际化、多边化

“一对一解决”是多年来中国在南沙问题上的一贯立场，但近年来随着海上航道重要性的显现以及南中国海的油气和矿藏资源的巨大潜力使以越南为首的周边有关国家开始考虑联合应对和平崛起的中国。2010 年，利用东盟轮值主席国身份以及主办东盟地区论坛的机会，越南一直在暗中劝说东盟邻国共同提出海上安全和主权问题，以打破中国的“分而治之”策略；同时积极迎合区域外大国对南海争端的介入。在越南的策动下，海洋争端国际化、多边化的趋势将不可避免。

政治上：自从加入东盟以来，随着其他东盟成员国相继对我南海提出主权要求，并采取了一系列的抢占行动，随着区域外大国的不断卷入，越南政府意识到不断使南海问题国际化才能在未来形成共同应对南海危机、应对中国的合力，才能有效实施自己的海洋战略。因为无论是在法理上，还是在现阶段的军事实力上，越南都没有能力单独面对中国，2009 年 5 月越南两度向联合国大陆架界限委员会提交其外大陆架“划界案”遭到失败就是最好的例子。而另一方面，面对南海如此广阔的争议海域，以越南的现有实力和能力，是无论如何难以控制整个南海争议区域的。于是，将南沙问题乃至南海诸岛的争端问题完全国际化，便是越南在此问题上与中国抗衡或讨价还价的最佳策略。在解读有关《至 2020 年越南海洋战略》的内容时，越南国内有学者就在党报《人民报》上明确提出，“如何能够将东海争端引起国际社会的广泛关注是当前我们的最重要的另一项任务。”① 早在 2003 年 11 月，在时任越南国防部长范文茶历史性地访问美国时，范文茶便发出了这一信号，他说道：“希望通过和美方的对话得到亚太地区以及世界的和平的保证。”② 越南将美国等区域外大国拉入南海争端的目的昭然若揭，并不断付诸实施。2009 年 11 月 26—27 日，越南政府在首都河内举办了由国际学者和专家参加的关于“南海领土主权争端的国际研讨会”。这是越南首次举办有关南海问题的国际研讨会议，名为学术会议，实际上却是官方组织与操办的。共有来自全球 22 个国家的 54 名学者参加会议。而越南的此举正是试图将南海问题“国际化”。

2011 年 5 月底，中越在南海再次出现海上争端：中国海监船向越境进入我海域的越南“黎明”号地震考察船采取了必要的驱赶行

---

① ［越］黎进诚：“海洋战略与我们当前的任务”，载越南《先锋报》2007 年 1 月 27 日第 4 版。

② 钱达：“外电评越南国防部长首次访美”，载《国际先驱导报》2003 年 11 月 11 日第 3 版。

动。几天之后在于新加坡举行的第十届香格里拉对话会上，时任越南国防部长冯光青在会议发言中向中方发难，以受害者的姿态指责中国。此后，连续几年的香格里拉安全对话会，全部如此，而在2014年的那届安全对话会越南防长冯光青的表演以及与区域外势力演“双簧”的做法则达到了登峰造极的地步。

他称“此举已经导致了越南国内舆论和人民的不安，造成越南党和政府的担忧”，并强调它“必将影响越中双边关系，并影响到中国在本地区的国际形象”。[①] 冯光青把越南作为一个受害者的形象凸显于此次由美国、日本以及印度等多国参加的国际安全对话论坛，意在引发国际关注，博得同情，同时将南海问题国际化，引起大国卷入，以造成中方的被动。

因此，把西方国家、东盟国家拉入南海争端将成为越南政府在未来一段时间内所采用的最主要的手段之一。而在美国于2009年重返东南亚以及2011年2月公布新的美国国家军事战略把重点转向亚太地区之后，越南政府谋求南海争端国际化的努力也有了一个一拍即合式的响应。

经济上：越南政府将会继续重点坚持与美、俄、英等大国的石油巨头们联手合作，企图通过利益捆绑，提高未来在海洋权益争端上的筹码，将这些公司拖入争端之中。当然，西方国家看好越南石油潜力以及以此为契机卷入南海并利用中越争端达到遏制中国目的的双重企图也尽在不言中。事实上在如今，越南的沿海和大陆架，聚集了世界上几乎所有著名的跨国石油公司，有的在勘探，有的在开采。这些石油公司尤以美国、英国、法国及俄罗斯的为主，如法国的道塔尔、英国的BP石油公司、美国的埃弗森石油公司、荷兰的壳牌公司以及俄罗斯的天然气工业股份公司等。越南政府决定，在

① 越南越报网：“冯光青上将呼吁两国军队保持克制”，http：//vietbai. com \ Tướng Thanh 'Quân đội hai nước cần kiềm chế' . htm。

2020年之前，每年以优惠条件与外国油气公司签订2—3份具有“重要意义”的油气合作合同，尤其是将加大对我南海万安滩海域的资源开发力度。[①] 所谓“重要意义”具有两层含义：一是指开采逐步向争议海域延伸、拓展，加大争议海域的复杂程度；二是指与一些具有举足轻重影响力的西方大型石油公司合作联营。因为这些西方石油公司通常与本国政府有着千丝万缕的关系，甚至维系着半官方的关系，一旦他们投资的海上油田遭到其他争议国威胁时，他们一方面极有可能鼓动东道国政府以武力来保护他们的利益，而另一方面则可能游说本国政府加大干预的力度，使其政府能够直接干预中国在南海实施主权并达到遏制中国的目的。2014年下半年，越南国家油气集团与美国埃克森美孚公司就联合开发南海“蓝鲸”油气区天然气达成初步协议[②]。值得一提的是，“蓝鲸”油气区位于我中建岛以西海域，已越过了“九段线”进入我西沙海域。随着北非、中东一些产油国家（及非产油国也门等）的局势在这几年中显现严重不稳，石油供应频频亮出红灯的走向，越南将会大大加快海上开采国际化的步伐，将更多的外国石油公司引入到双边或多边的合作轨道中来。

军事上：越南谋求在南海军事上国际化的做法包括频繁邀请区域外大国军舰来访，展开双边、多边军事合作与海上互动，并开始与一些国家在南海海域展开军事演习，甚至打破意识形态分歧与界限，与昔日侵略者——美国携手合作，展开联合军演。2006年，时任美国国防部长的拉姆斯菲尔德对越南的访问更是为进一步拓宽两国军事合作打通道路。当时的越南国防部长范文茶甚至公开表示：“我们热忱地欢迎他们（美国人）帮助人民军实现现代化。”此后，范文茶又公开宣称，“希望把金兰湾和美国作新一轮的妥协交换，换

---

① ［越］阮得胜：“油气业的合作之路”，载越南《油气杂志》2007年第2期。

② 外媒：“越南加大南海开发，撕‘九段线’强闯中方海域”，据2014年12月2日全球军事网及新华网：http：//www. militaryy. cn/html/52/n－121252. html。

取美国的军事合作。”[①] 随着美国“重返”东南亚步伐的加快，2010年8月，越南历史上第一次与美国在南海海域展开了联合军事演习，到访的美国“乔治·华盛顿”号核动力航空母舰和“约翰·麦凯恩”号导弹驱逐舰也参与了这次演习。尽管美越均声称，本次联合演习并非传统意义上的军事演习，而是以海上搜救、救援为主，但此举具有挑战中国在南海问题上心理底线的意味。在此之前，越南还频繁邀请俄罗斯、印度、澳大利亚等国军舰到访，并与马来西亚建立了海军热线。一年之后，2011年7月，美国海军再度与越南举行了为期一周的海上军演。三艘参加演习的美国船舰包括美国海军的“钟云”号、“普雷贝尔”号导弹驱逐舰和“哨兵”号救难舰。越南海军在岘港举行了隆重的欢迎仪式，欢迎三艘美国海军军舰靠岸。2011年7月19日，印度海军“艾拉瓦特”号坦克登陆舰抵达越南中南部的芽庄港访问，并可能长期驻扎在该港。在中国三亚南方的芽庄港永久驻留将是印度对抗中国在印度洋和太平洋的“珍珠岛链”战略的又一倚靠，却又是越南谋求南海问题国际化的一大步骤。在于2011年7月26日在越南河内举开的东盟国家海军司令会议上，越南军方千方百计要将南海海上安全问题纳入议程，时任越南人民军海军司令、国防部副部长阮文献在开幕式上东盟“团结起来，集中集体智慧和力量进行应对南海安全问题”。[②] 随后，越南《青年报》文章公开援引了阮文献关于南海问题应当国际化的观点。

有专家认为：“美国认为保护南海航道符合其利益，为此在南沙群岛争端问题上的态度越来越积极；同时，不断加大在南海地区军事渗透的力度，其中最明目张胆的一招就是积极推动与一些东南亚

---

① 刘铁林：“越南挑战南中国海主权，越媒炒作‘不惜一战’”，深圳新闻网，2007年4月25日，http：//www. sznews. com/zhuanti/content/2007 －04/25/content_ 1075577. htm。

② 贾茹：“东盟各国海军司令聚焦越南，磋商应对南海争端”，人民网：http：//www. jm-news. com. cn/c/2011/07/29/20/c_ 6476203. shtml。

国家举行以南海为背景的双边、多边军事演习。”①

从越南整体的海洋战略层面来看，将西方拉入争端之中显然是越南政府所精心设计的，并且也是其希望看到的结果，在未来这一趋势还将不断持续。东盟共同体已经推出，即将完成建构，正式组成。越南一直对此寄予厚望，并希望能够从中扮演重要角色，以“引导”东盟国家共同应对中国。随着近年来区域外大国不断介入南海及介入南海争端，越南以谋求国际化获取自身海上安全的趋势也将愈加明显。

第四节　安全上，海上“积极防御”态势逐步成型

早在2000年，越南根据其所面临的安全形势和未来高技术战争的特点调整了军事战略，提出了“积极防御”的军事战略口号。后来随着阿富汗战争、伊拉克战争的爆发，越南又立足未来信息化战争的特点，进一步调整完善了“积极防御”的基本作战内涵，即以美国为全球范围的潜在敌人，以“对越南构成威胁的周边大国”②为地区主要作战对象；以保卫领土主权完整和社会主义制度为基本战略目标；以积极的态势应付局部战争和武装冲突，坚决抵制“和平演变”为军事战略方针。在越共“九大”召开以后，随着“海洋战略”的提出，越南军方的新安全思想又调整为：“依靠海上防御纵深来弥补陆地防御浅纵深”，注重构建海上“积极防御”体系。

---

① 张海阳：“南海角逐谁占上风”，载加拿大《汉和防务评论》2010年1月号。

② 越南通常以“周边大国”或“北方大国”来暗指中国。

一、与地形相称的积极防御态势形成

如本书在第五章中所论述，按照越军目前的思路，依托越南中南部呈现的“S”形海岸线与其占据的星罗棋布的南沙岛屿，可以构成一个相对完整的防御体系，并逐步完善北、中、南三点一线式的防御岛链，越南海军则能够做到“以点控面”，以地理优势发挥小吨位舰艇的战斗力，以“积极防御”的态势与本区域内的其他国家强势海军展开抗衡，通过“向海洋要纵深、将防线往前移”的做法，拓展其国土战略纵深。2009 年 12 月，越南政府发表了《越南国防政策》白皮书，再一次肯定了其“积极防御”的国防政策。白皮书称，“越南一贯奉行和平和自卫性国防政策。”[①] 就在同一年的年底（2009 年 12 月），越南政府决定一举斥资 24 亿美元大规模采购军火。而这次创记录的24 亿美元的大采购（即从俄罗斯购买“基洛”级潜艇，见下文），正是“积极防御”这一战略思想的具体体现。如今，这批共6 艘“基洛”级潜艇正陆续列装。

“积极防御”又称主动防御，其特点之一包括“以小敌大”、“以弱敌强”，[②] 越南认为这曾是越南革命成功的制胜法宝，越南打败法国殖民主义和美帝国主义体现的就是“以小胜大”“以弱敌强”的结果。如今，越南政府与军方意识到，重视海上力量建设，不仅关系到国防的巩固和领海、领土的安全及主权的完整，而且也关系到国家经济，特别是海洋经济的稳固发展。为加强海军现代化建设，越南早在20 世纪 90 年代初就秘密制订了《海军 10 年发展规划》，拨出专款用于研制和外购新型的舰艇及其他武器装备，修建和扩建

---

① 韩乔：“越南发表《国防白皮书》考虑从多方采购军事装备”，新华网：http：//news. qq. com/a/20091208/003009. htm。

② 转引自李德义：“毛泽东积极防御战略思想的历史发展与思考”，载《军事历史》2002 年第4 期。

了中部及南部的一批重要军港和军商合用港口。根据新时期“积极防御”和“全民国防”的军事战略思想，近年来，越南积极贯彻质量建军方针，把海空军列为优先发展的军种，加速海空军两大军种的现代化建设步伐，使海空军在执行“海洋战略”中能够扮演重要的角色。在21世纪前10年之后，越南的这种海上“积极防御”态势正在逐步形成。

首先，就军事准备方面而言，越南在经济建设的发展过程中，逐步加大了对国防建设的投资比重，根据工业化、现代化的发展进程，逐步提高了军队的现代化水平。从战略思想、武器装备以及官兵素质等诸多方面，越军全军展开了全面的正规化、现代化建设，推进高质量的军事训练，以提高武装力量战斗力的综合质量，适应新时期军队建设的需要。近年来，随着国家军事战略由“北防南攻”向“陆守海进”方向的转变，越南又开始朝打造一支强力海军的方向迈进，逐步构建海上综合防御力量，以适应未来海上“积极防御”的作战需要。作为海上“积极防御”中的核心力量，越军计划在未来把近岸型的海军打造成一支现代化和远洋化的海军部队，提升其综合作战能力。为了实现这一目标，一方面大量购买实用型的海军装备，如分批购入了俄罗斯4艘“毒蜘蛛”级导弹艇等大型先进的海上装备，自制了数艘导弹护卫舰和导弹艇。2007年始，越南先后获得了10架波兰PZL公司生产的M－28型海上侦察飞机，4架W－3RM型海上搜索救援直升机，8架PIT公司生产的MSC－400型海上侦察系统。截至2010年底为止，越南已经先后从俄罗斯引进了S－300PMU1防空导弹系统、4艘“猎豹”级护卫舰、8艘导弹巡逻艇，其中“猎豹”3.9级护卫舰已于2016年2月成功下水，这款护卫舰的排水量为2200吨，装备导弹、舰炮、飞机、鱼雷以及现代化的电子作战武器等。这些武器装备的购买引进将使越南拥有对其数千公里长的海岸线进行监控的现代化海上控制系统，在战略上起到对海岸线的有效防御作用。

另一方面则投入38亿美元，在越南东北部建造一座占地3000公顷、可停靠4万吨级战舰的大型现代化军港。这个军港一旦建成使用，不仅能够缓解越南战舰只能停靠在南部金兰湾基地的困境，而且还极大地强化了越南海军的基础设施建设，将越南军队海上战斗保障能力提高到一个新水平。此外，越南国防部还调整了海军部队结构。其中的一项重要措施是组建精锐的海军陆战队、海军航空兵和海上警察部队，其中海上警察部队已经逐步承担起海岸警卫和海上增援任务。在战事需要时海上警察部队不仅可全面协助海军部队作战，而且在战时还可立即转为海军编制。目前海军陆战队已占越南海军力量的1/3，成为越南海上作战体系中的中坚。① 越南海军副司令兼任海军参谋长范玉明曾在越军机关报《人民军队报》上发表文章称：“越南计划在2015年前建成一支现代化海军，届时，越南海军的远洋护航能力和海上作战能力，将达到现代化海军的要求。”按照他的观点，最迟则在2050年前，形成独立的远海和立体作战力量，全面实现越南海军的正规化和现代化，达到世界先进水平。② 可见，海军力量的建设将成为越南“海洋战略”中“积极防御”的主体，被越南军方寄予了厚望，它将在海上“积极防御”的战略中扮演着极其重要的角色。

越南空军已经在2010年之后陆续使用了改进型的米格－21、苏－27SK、苏－30MK2V等一系列新式战机，以逐步替换现役的米格－21、米格－23及苏－22等老旧战机，并已经从瑞典引进了“长颈鹿”防空雷达系统。在未来，越南还计划从俄罗斯购买米－28H、卡－31等先进直升机，最终组建一支由180架战机和50架武装直升机组成的现代化空军力量。③ 2010年4月，越南海军又从加拿大一

---

① ［越］黎成海：“值得自豪的越南海军”，载《越南海军》杂志2010年第6期。

② ［越］范玉明：“越南海军的未来”，越南《国防与安宁报》2004年7月2日第1版。

③ 章卓：“南海周边国家竞相购买武器欲为抢占岛礁赢得先机”，载《世界新闻报》2009年7月2日第4版。

家武器研制公司进口了6架DHC-6“双水獭”两栖海上巡逻机。这种用于海上巡逻的飞机其单机售价约为500万美元。[①] 越南海军装备“双水獭”将大大有助于加强越南海军对争议岛屿及其附近海域的监控能力。总之，越南军方所引进的上述武器装备，均具有强烈的制海作战特色，强调“以空制海”“以海制海”“以陆制海”，是海上“积极防御”体系中的核心内涵，其所针对的正是海上假想目标——中国。

其次，就战争模式而言，以建立“区域防御”体系为战略手段，强调在军事力量结构上以主力部队、地方部队和民兵自卫队三种武装力量相结合；在作战模式上以中小规模的集中进攻与广泛击敌相结合，突出发挥武装力量全面抗敌的作用。在已经基本构建了包括水下海军（潜艇部队）、水上海军（舰艇部队）、海上警察部队以及海上民兵自卫队等在内的海上立体防御体系的情况下，越南海空军每年要多次组织守海部队等力量举行以保卫要地、支援南沙作战、防止岛屿遭到反抢等为主要形式和背景的较大规模海空联合作战演习，主要演练课目包括：海空协同、对舰攻击、反封锁、反空袭、电子对抗及登陆等。从近年来越海空军的演习训练等情况看，一些重大演习具有演习设想复杂、参演兵力多、兵种全、演练时间长、范围广、针对性强等特点，显示其海上“积极防御”体系正在不断形成与完善之中。

第三，就未来战争理念而言，越南仍然视“人民战争”“全民国防”“全民海防”为重要的传家宝，并且随着军事改革的推行与形势的变化发展，进一步完善了适应于新的时代要求的全民国防体制。越南认为，人民战争思想是越南军事思想的基本内容，是越南军事史上的“传家宝”，全民动员、全民武装、全民杀敌是党指导战

---

① “为加强海上巡逻，越南购买六架加拿大军机”，载《参考消息》2010年5月13日第5版。

争的基本路线。未来战争是现代化战争，具有规模大、空间广、节奏快、紧张激烈，以及大量使用威力大、精度高、机动能力强的新技术兵器等特点，因此必须从本国实际出发，坚持人民战争，发挥全民海防、全民国防、全民战争的优势，以少敌多，以小胜大，保卫社会主义制度，保卫国家安全和领土完整。越南人民战争的基本指导思想是：利用一切有利时机，对敌实施积极、主动、坚决、连续、全面的进攻，形成压倒敌人的总体优势。尽管进入了市场经济时代，但越南仍然能够结合自身特点，沿袭历史传统，重视“全民国防”思想在越南社会的贯彻和落实，并取得了明显的成效。在全民国防战略思想指导下，越南大力加强包括海上自卫队在内的预备役部队和民兵自卫队建设。目前，每个省都设军事指挥部，直辖一个预备役师，预备役部队总人数约50万。其中民兵自卫队（含人民警察、青年突击队等）数量更多，估计达250万之众。[①] 一旦战争需要，这些准军事部队只要按原制改编、换装，配发必要的武器装备和补充一定数量的现役骨干人员实施指挥，即可转为现役部队，这样的动员机制被视为是越南实施“积极防御”之本。因此，“积极防御”的战略思想能够在战争爆发之后很快体现出来。

如本书在第五章有关越南的“海洋战略”基本态势中所言，越南海军将根据越南海上防御体系的远景目标，在未来将形成远距离、中距离以及近距离的海上三层防御线，即形成一种海上“岛链”之概念，从而成为海上“积极防御”内容中的重要组成部分。它既可确保海上权益，又可针对陆地形成有效保护，从而极大拓展国土防御的纵深。总之，无论是越南海军的建设方针调整或是武器装备发展，都体现出了在防御基础上发展进攻能力的观念，凸显出了“积极防御”的核心理念，而其基础则是越南历来引以为荣的“人民战争”以及“全民国防”的传统。

---

① “越南海军称2015年打造强大远洋护航作战力”，中青在线2008年1月11日。

二、 积极谋求对我海上“局部优势”

越南政府以及智库人士普遍认定，在未来，随着中国国力的不断增强、影响力不断加大，中国对南海的主权要求将会体现得越来越坚决，而中国海军正在持续不断地对潜艇及水面舰艇进行升级换代，以打造一支新型南海舰队。而且，越南政府和智库还意识到中国正在计划建造多艘航空母舰以及扩礁为岛的举动，中国的海军现代化进程已经不可避免地对越南构成了最大的威胁。在这种情况下，越南必须以一个更具前瞻性的国防政策指导其武器装备采购项目，以为越南应对中国南海主权的要求提供更强、更有力的支持。在越南政府和军方看来，未来的南海及其附近海域将是大国潜艇角逐的场所，为此，必须发展有特别针对性的军事力量，以形成自己在海上军事局部优势、即一种“非对称优势”，从而对对方产生某种威慑作用，以使自己在较量中不完全处于下风。

从理论层面看，所谓“非对称性优势”是指“在军事领域和国家安全事务中，为最大限度地发挥自己的优势，利用对手的弱点，获得主动权或更多的行动自由，而采取完全不同于对手的行动、体制编制和军事思想”。[①] 突出表现为以物质代价换取低伤亡率的人本主义和崇尚科技、坚信质量优势抵消数量优势的技术主义。实现以“火力替代人力、以远攻代替肉搏、以速战代替久战”的目的。[②] 为了形成局部优势，越南尤其加快了海空军武装力量现代化的进程，除了武器进口，越南还决心建造或进口大量能够装备导弹的小型快攻舰艇以反制中国军队在海军方面的优势。其中，2015 年之前，已经从俄罗斯购买了 2 艘 11661 型护卫舰。这种大型护卫舰将大大改

---

① ［美］史蒂文·梅茨、道格拉斯·约翰逊：“非对称与军事战略：定义、背景与战略概念”，军事科学院外国军事研究部《外军资料》2001 年第 36—38 期。

② 傅立群：“美国战略思维中的几个基本观念”，载《中国军事科学》1997 年第 1 期。

善越南海军大型水面舰艇严重缺乏的现状，其远海综合作战能力将会得到一定的提高。而2011年之前从俄罗斯进口的苏-30MK2战机则可以长时间在沿海空域巡航，苏-30MK2战机的射程足以覆盖整个南沙群岛。该机可挂载多种型号的先进反舰导弹武器，包括超音速的Kh-31型超音速近程反舰导弹、亚音速掠海飞行的Kh-59远程反舰导弹以及通用化程度很高的3M-54系列导弹，具有很强的防区外攻击能力，对海面舰艇的威胁极大。[①]

2009年12月，时任越南总理阮晋勇在访问俄罗斯期间与俄罗斯签下了一项规划已久的军事交易案：越南从俄罗斯购买6艘K级柴油动力636型“基洛”潜艇（Kilo-Class）。“基洛”级636型潜艇由俄罗斯军火研发巨头“红宝石”设计局设计，是世界上噪音最小的潜艇之一，隐形性能好，有“大洋黑洞”的绰号。潜艇排水量2300吨，最大潜深350米，续航力6000英里，乘员57人，装备533毫米鱼雷，设计用于反潜和反舰作战，也能执行一般的海上侦察和巡逻任务。

根据越南媒体的披露，越南海军已经在中部地区的芽庄省沿海兴建其国内的第一个潜艇基地，将容纳俄罗斯于2012年开始陆续交付的6艘“基洛”级636型潜艇。至2015年上半年时已有一半的“基洛”级潜艇列装完毕。在所有潜艇列装完毕并且形成战斗力之后，越南的空中、水面以及水下三位一体海上防御体系也宣告完成。

新加坡的拉贾勒南国际研究学院（S. Rajaratnam School of International Studies）的区域国防分析家理查德·比特津格对此分析说：“我想越南此举最主要的原因，就是要去对抗中国在南中国海的军事集结。”[②]

---

① “越南欲砸数亿美元购战机，梦想成为海空强国”：新华网 http：//news. xinhuanet. com/mil/2009-12/08/content_ 12609798. htm。

② 东阳：“大洋黑洞：俄罗斯“基洛”级柴电潜艇”，载《世界新闻报》2010年6月8日3版。

美国《国防工业日报》分析认为，越南海军一贯强调浅海作战能力，并且靠近马六甲海峡，因此法国制造的“安德拉斯塔”级的近海袖珍潜艇应当十分符合越南海军的需求，事实上越南已经拥有这样的潜艇。但如今越南转而寻求能够在深海作战、攻击力更强的“基洛”级潜艇可能另有考虑。该报据此认为，针对美国强大的海上实力，中国军队采取了发展强大潜艇力量、形成“非对称优势”的模式。而越南很可能是在学习中国的做法，意欲形成针对中国和其他东南亚国家的“非对称优势”，以便在争夺中国南海岛屿问题上占得先机。[①] 在外界看来，越南下决心斥巨资从俄罗斯购买“基洛”级潜艇与越南所遭受的来自中国的“刺激”有关。中国于2009年举行了海军成立60周年纪念活动，向外界展示了中国海军力量军事现代化的成果，同时中国海军编队走向外海前往印度洋亚丁湾护航，引发世界舆论的关注。根据美国国家情报委员会于2012年12月发布的报告——《全球趋势2030：变换的世界》，断言美国霸权时代将在2030年终结，迎来多极的民主化世界。[②] 照此推断，与此形成鲜明对比的是，中国的海上实力以及综合国力将会迅速上升。在这一刺激下，越南迫切希望引进一批能够与中国海军力量局部抗衡的先进舰艇。从军事的角度来看，购买具备强大的水下威慑作战价值的“基洛”级636型潜艇，足以封锁亚龙湾，再配合空军获得的新一批苏-30MK战机以及岸防导弹，被认为能大大抵消中国海军大型水面舰艇和潜艇数量上的优势。加拿大《汉和防务评论》认为，这样的搭配，足以威慑航母。[③] 因此，针对中国海军力量的发展，越南的上述意图再明显不过。对于这样的局部先进武器装备，澳大利亚

① 章卓：“南海周边国家竞相买武器欲为抢占岛礁赢得先机”，载《世界新闻报》2009年7月2日第4版。

② “2030年中国将圆海洋强国梦”，据2013年1月10日新华网：http://news.xinhuanet.com/world/2013-01/10/c_124213955.htm。

③ 张海阳：“南海角逐谁占上风”，载《汉和防务评论》2010年1月号。

国防力量研究院越南军事问题资深专家卡尔·塞耶教授则认为，“河内深知自己可能永远也没有能力与中国海军势均力敌，但它至少可以让对方在有任何企图之前感到非常困难，比如把越南赶出它已占领的斯普拉特利群岛（即我南沙群岛）的某些地方。哪怕有几艘‘基洛’级潜艇，那也可以使之非常复杂……”[①] 俄罗斯军工网认为，越南进入的“基洛”级潜艇全部配备有“俱乐部—S”巡航导弹，其280公里的射程能够打到南海舰队司令部所在的广东湛江；而海南岛的中国海军基地同样在越南潜艇所配备的导弹射程之内。[②] 在这些潜艇于2014年、2015年陆续列装时，包括越南总理阮晋勇等高层人士总是亲自出席仪式，其醉翁之意不在酒。他在中越围绕“981”平台的海上对峙期间所威胁的“切断南海货运通道”正是这一意图的真实体现。

除了潜艇，越南也在抓紧部署和装备反舰巡航导弹、弹道导弹以及超音速导弹等，其针对性也很明确。目前，越南军方已经部署了射程300公里足以打击中国海军海南军事基地的SS－N－26反舰巡航导弹（又称“红宝石”超音速反舰导弹）。在下一步，还将会部署射程在260公里的SS－26伊斯坎德尔－E弹道导弹，以谋求对中国海上的局部军事对称。[③] 此外，在2013年巴西防务展上，美国洛马公司透露，越南正在考虑向美国采购6架P－3C反潜机，以加强越南空军的反潜能力。P－3C是目前美国海国主力反潜飞机，它航程远、速度快、载荷能力强，是当今最先进的反潜飞机之一。毫无疑问，越南空军获得P－3C之后，将会大大提高它的反潜能力。

在伊拉克战争中，美国高科技空中力量体现得淋漓尽致，战争

---

① 姚忆江：“越南频繁指责中国南海举措，借国际力量谋求制衡”，载《南方周末》2010年8月12日第4版。

② 滕子明：“美媒称越南潜艇改变南海平衡”，载《环球时报》2015年3月31日第8版。

③ 落晖：“越南部署“红宝石”超音速反潜导弹，威慑中国海军”，载《环球时报》，2010年2月22日第8版。

爆发之后如闪电一般摧毁了伊拉克军队的抵抗力，以至于在大规模空袭之后接下来的地面战争只进行了4天便宣告结束，如同摧枯拉朽。海湾战争的结果使包括越南在内的许多新兴国家意识到了高尖端武器的战场价值。而越南所追求的正是——通过不对称战术就能够使力量较弱或某些方面力量较弱的一方有了通过不对称打击挽回劣势的机会。[①] 加拿大《汉和防务评论》就此评论认为，“越南潜艇的大跃进购买和发展，将成为中国海军的喉中刺”[②]，这一观点虽然有些片面，但它折射出了越南谋求局部优势的真实动机和目的。这样的趋势在未来几年中将会不断凸显，值得我们高度重视和跟踪。

① William Mitchell, *Winged Defense: The Development and Possibilities of Modern Air Power* (New York, 1925), p. 47.

② 刘海东：“越南潜艇大跃进”，载加拿大《汉和防务评论》2010年4月号。

结 束 语

本书以越南的“海洋战略”为一条主线，全面剖析了这一战略形成的历史背景、发展过程及完善标志，系统地分析了这一战略的现状与特点，前瞻性地展望了未来的发展趋势，预测了今后的走向。对于越南“海洋战略”的内容、目的以及特点与未来发展趋势等，我们不妨再从以下三个方面来进行一次再认识。

一、 有关越南 “海洋战略” 的形成

20 世纪 70 年代中后期，在完成了南北统一之后，在抗美救国战争中，尤其是解放西贡的过程中尝到了海岛战略作用巨大甜头的越南开始大规模蚕食、抢占我南沙群岛中的部分岛屿，到 80 年代则达到登峰造极的地步，并最终占据我南沙群岛中 29 个岛屿、岛礁。其亦兵亦民的海上渔民武装组织从中起到了极其重要的作用。紧接着，越南海军开始在部分所占海岛上打造火炮阵地、修建防御工事，并逐步组织向部分海岛移民，同时在海域及海岛划分选区组织选举，修建通信设施；另一方面，则推翻了以往的教科书中南沙群岛和西沙群岛属于中国的说法，断章取义，拼凑历史，进行所谓法理上的准备，以期造成南沙群岛和西沙群岛在历史上本来就属于越南的既成事实。

到 20 世纪末，世界各国对海洋给予了前所未有的重视，各沿海

国家纷纷把维护海洋权益，发展海洋经济、保护海洋环境列为本国的重大发展战略。“21 世纪是海洋的世纪”——这样的口号和提法几乎传遍了世界每一个角落。在拥有漫长海岸线、近一半省份濒临大海的越南，海洋意识在越南国内也受到了空前的重视，舆论媒体以及教科书连篇累牍地宣扬海洋对其国家发展与国家安全的作用与意义，专家们则著书立说，强调海洋对越南国土安全的重要性。在这一大背景下，继占据了南沙大片岛屿、岛礁之后，越南政府对岛屿与海洋的重视又上升到理论与战略的高度，先后出台了多部与海洋发展及海上安全有关的战略性、纲领性文件以及涉海法律法规与规定等，从战略上规划了越南海洋发展的未来，其中也包括十分重要的海上安全思想体系，以确保其海洋发展的安全环境，并向海上拓展其陆地防御纵深。

我国国内学界有部分学者倾向于认为 2007 年制定的《至 2020 年（越南）海洋战略》为越南的“海洋战略”。但笔者认为，这是囿于对越南国情以及越南的民族特性了解程度不够所致，以至于产生了这样的一个认识上的误区。笔者在越南生活过数年，与形形色色的越南人有过广泛的接触，对其民族特性有着深刻的了解。事实上，越南的“海洋战略”正式形成的时间应该更早，于 2001 年召开的越南共产党第九届全国代表大会所通过的决议应被视为是越南“海洋战略”形成的一个重大标志。2001 年 4 月，在越共“九大”上，越南共产党中央委员会首次明确提出了“*chiến lược Biển*”（“海洋战略”）的概念——在这份题为《2001 年至 2010 年越南经济—社会发展战略》的决议中首次单列出了一个章节来对海洋的发展与安全进行全面的阐述。因此，笔者有理由认定 2001 年 4 月越南共产党中央委员会所召开的第 9 次全国代表大会所作出的《2001 至 2010 年越南经济—社会发展战略》的决议是越南“海洋战略”正式形成的一个重要标志。实践也表明，在本次会议召开之后，它对越南海洋经济、海上安全等诸多方面的发展产生了一种里程碑式的指导意义。

在本次党代会召开之后，越南又先后出台了一系列涉海法规、政策等，以对其进行补充，并根据形势需要及时进行了调整与完善。从此之后，越南的“海洋大国梦”“海洋强国梦”极度膨胀，随着区域外大国的卷入，越南在南海问题上的立场也日趋强硬；而随着其国际地位的提高和国力的逐步增强，越南甚至开始公开与中国叫板，矛头直指中国南海。其中一个最明显的例子是：2007 年 6 月间，越南出动了 30 余艘武装船只，对中国中石油集团在西沙海域实施海洋工程调查的作业船进行围堵和阻截，双方船只一度在海上形成了紧张而激烈的对峙，海上冲突险些爆发。这标志着针对海洋权益之争越南发出了丝毫不让的强硬态度和信号。2007 年 1 月，越共十届四中全会表决通过了《至 2020 年（越南）海洋战略》。

作者认为《至 2020 年（越南）海洋战略》是越南“海洋战略”完全走向成熟的一个重要标志。因为《至 2020 年（越南）海洋战略》是第一次作为一个独立的战略文件在越共党代会上全票表决通过，并且所有的内容全部是绝密级的。

与菲律宾国会通过所谓“领海基线法案”，将我国黄岩岛和南沙群岛部分岛礁划为菲律宾领土，公然在海上对抗中国的做法所不同的是，越南采取的是少说多做的策略。因此，对于越南早从 20 世纪 70 年代中期开始便不断占领蚕食我南沙岛屿，并在岛屿上修筑工事，而后才一步步形成海洋战略的做法，笔者认为越南所采取的是一种先付诸于行动，后上升至理论高度的做法。这与当时的国际背景以及越南当时的国情、国力，尤其是后来南海争端日益复杂的局势有着密切的关系。这些背景包括以下几方面：

首先，在 20 世纪中期，越南刚刚完成南北统一，尽管战争之后百废待兴，但越南当局自恃击败了强大的美国，国家、军队、人民都经历过战火的考验，紧接着便于 1978 年悍然入侵邻国柬埔寨，地区霸权主义行径及地区大国梦暴露无遗。其对海上的蚕食行动、占领行动也宣告开始，且愈加疯狂。但作为一个海洋弱国，一个刚刚完成统一的贫穷而落后的国家，越南在当时无法形成一套完整的海洋理论体系。

其次，在南海争端日益复杂、资源争夺日趋激烈的情况下，从其民族特性和民族文化根源出发，越南当局不可能在一开始便明目张胆提出任何“海洋战略”，否则必将引发其他国家的抗议与重视，从而带来严重后果，起到适得其反的作用。相反，越南当局采取了先暗中抢夺南沙岛屿，占为已有，攫取资源，而后再出台有关“海洋战略”的低调做法。而这样做的实际效果却非常理想：越南一举占有了南沙的29个岛、礁，获得了大量的海洋资源，是真正的既得利益者。

在占领行动结束若干年之后，越南开始围绕这些所占岛屿在海洋经济发展与守岛问题上做足文章，出台了一系列的海洋经济与岛屿防御设想，终于一步步催生了越南的“海洋战略”。

二、有关越南“海洋战略”的主要特征

在20世纪末21世纪初，随着全球范围内海洋热的广泛兴起，越南政府高层愈发意识到，海洋权益的保护最终要靠海洋国防来实现，作为地形狭长半面濒临海洋的越南更是如此，并且更加迫切。越南政府认为，海防是国防的重要组成部分，也是国家的第一道防线。而没有一个符合时代发展要求的海洋国防思想和海上防御体系，就不能很好地维护海洋权益。越共党中央所制定的越南“海洋战略”是越南政府在历史上第一次将海洋发展与海洋安全问题提升到一个战略的层次，力图在未来将越南建设成为一个海洋强国、海洋大国。

因此，越南“海洋发展与安全战略”最显著的第一个特点就是：该战略紧密服务于其大国家战略，为大国家战略的实现提供最有力的保证，并与国家战略形成了紧密的互动互补的关系。

根据越共“九大”所通过的《2001至2010年越南经济—社会

发展战略》这一决议中的核心内涵，“工业化”“现代化”及“成为地区大国”可简单地归纳为是越南的大国家战略中的三大要素或三大核心。2011 年 1 月召开的越共“十一大”再次强调了至 2020 年实现国家现代化、工业化的这一战略目标。按照《至 2020 年越南海洋战略》中的规划，在 2020 年之前，越南经济领域的最主要、最重要的增长点集中于海洋经济，即充分寄希望于海洋资源的开发，其中大规模开采海洋油气资源是一条主轴线。按照规划，到 2020 年时，越南的海洋经济必须占国家出口总额的 55%—60%，占国内生产总值（GDP）53%—55%。这一比例已经远远超过了其他任何一个经济领域或部门。这就意味着海洋经济将必须占据越南国家经济能力的半壁江山，从而成为越南的核心产业中的一个支柱产生，对其综合国力的提升、国家发展与社会进步起着决定性的影响力。

由此可见，越南的“海洋战略”在其整体国家战略中具有举足轻重的地位和作用，甚至完全可以认定，其大国家战略完全是紧紧围绕着“海洋战略”来具体实施的，两者之间有着密切的关系。

越南作为一个传统的农业国，能够如此深刻地、广泛地认识海洋、利用海洋，把海洋战略与国家的命运紧密结合起来，不能不说这是越南政府重新认识自己的国土生存空间，摆脱囿于土地生活的观念上和行动上的一次大飞跃，这些认识以及在这一认识基础上付诸的行动将为越南面向海洋，特别是面向 21 世纪的海洋世纪，梦圆海洋强国打下良好的基础。相比而言，我国在这方面存在着明显的滞后，应当客观地承认越南走在了我们的前面。

第二个显著特点则是越南的“海洋战略”并非仅仅由海洋经济发展兼顾到海洋安全或反之，而是一个全面的战略，它以海洋经济与海上安全为一条主线，涉及到了多层领域、多重因素。而从理论上来说，海防是保卫国家安全的前沿，它本身就是政治、经济、外交、军事等多种要素的一个综合体。因此，任何将越南“海洋战略”

定位为“海洋经济的发展+海上安全的构成”都是片面的，也是有失公允的，会产生认识上的误区。事实上，越南海洋经济的发展既离开不海上安全保障，也离不开国际局势的变化与发展，还与其国情及国力的变化等诸多因素息息相关。

第三个显著特点为越南“海洋战略”还是一个动态性的战略，是一个始终处于变化发展以及完善之中的战略。它必须根据国际形势演变，国力改变而变化调整，因此它并不是一成不变的，更不是固定的充满教条主义的条条框框式的内容，而是不断能够及时得到补充、提升和完善的一种战略。比如随着海洋空间的变化所导致的越南民间对海洋认知观念的变迁、区域外大国竞相卷入导致南海争端的日益复杂以及越南自身国际地位的提升及国力的增强致使其自认为有了与其他争端国叫板的底气等，都可能因此而对这一战略进行某种形式的微调、补充、完善等。但尽管如此，总的目标并不会有任何的改变。笔者同时认为，这是一种主观意义上的积极改变，这种积极改变对这一战略的实施与实现非常重要。因为只有审时度势，与时俱进，及时补充、调整与完善，才能够确保“海洋战略”的顺利落实与实施。

因此，就其主要特点而言，笔者认为，为大国家战略服务，并与之有着强烈的互动作用以及始终保持着变化演变与调整、完善，是越南“海洋战略”诸多特点中的最显著的部分。

三、有关越南“海洋战略”的发展趋势

2015年5月，越共总书记阮富仲率领越南共产党代表团访华，近1/3的政治局委员陪同前来，标志着中越关系恢复到“981”事件之前。近年来，在双方共同努力下，中越全面战略伙伴关系内涵不断得到充实。中国党和政府高度重视发展对越关系，愿与越方保持高层交往，增进政治互信，妥善处理边界领土和南海问题。

显然，在南海争端问题上，中国表现出了一个负责任的大国的姿态，表达了希望与各方和平解决争端的态度和立场。然而，在事关中越两国利益之争的问题上，自中越两国建交以来，越南政府向来阳奉阴违，当面一套背后一套，小动作不断，诚信度极低，更何况这涉及到海上权益之争。这自然是由越南“海洋战略”的目的所决定的。

这一战略的目的可归纳为两点：第一，旨在继续非法占有我国的南沙群岛，并使之逐渐成为一种既成事实，以达到永久化非法占有的目的；第二，旨在构建海上立体防御体系、形成海上多层防御岛链，并借此达到扩大陆地国土防御纵深的目的。可见，试图永久性地非法占有我南海岛屿几乎已经成为越南决策层不可动摇的最主要、最根本的目的。在笔者看来，围绕这一目的，这一战略的未来发展趋势可归纳为以下几点：

第一，面对南海广阔的争议海域，以越南现有的国家实力和能力，无论如何是难以控制整个南海争议区域的。于是，将南沙问题乃至南海诸岛争端问题完全国际化、复杂化，是越南在此问题上与中国抗衡或讨价还价的最佳策略。在美国政府于 2009 年重返东南亚，并于 2011 年 2 月公布了最新的《国家军事战略》将重点转向亚太之后，越南的这一策略与美国的战略调整一拍即合，更有市场。因此，把西方国家、东盟国家拉入南海争端将成为越南政府在未来一段时间内所采用的最主要的手段之一，它既包括政治、外交及海洋经济领域，也包括军事上的国际化。总之，围绕南海争端的国际化、多边化的趋势将不可避免，并将可能突破我国在应对南海争端问题上的心理底线。

第二，近年来，在“积极防御”军事战略的指导下，越南积极贯彻质量建军的新时期军事方针，把海空军作为优先发展的军种，通过“向海洋要纵深、将防线往前移”的做法，大幅度拓展自己的国土防御纵深，取得了非常显著的成效。依托越南中南部呈现的

“S”形海岸线与其占据的星罗棋布的南沙岛屿，越南军方已经建构了一个相对完整的海上及沿海防御体系，并正在逐步完善北（远）、中、南（近）三个层次防御岛链。2012年，在越南中部地区可供“基洛”级潜艇返航的潜艇基地建成，6艘“基洛”级潜艇陆续列装，至此一个由空中、水面以及水下三位一体组成的海上防御体系也将宣告完成。因此，在未来，越南的这种海上“积极防御”态势将会完全形成，并不断完善，谋求针对我国海军的海上局部优势的做法也会愈加明显。

第三，在南海争端国中，越南是唯一一个提出对南海群岛拥有全部主权的国家，也是唯一提出拥有南海主权“历史依据”的国家，在《越南海洋法》于2012年6月通过之后，尤其是发生了2014年中越海上对峙事件之后，越南对所谓拥有南海主权的“历史依据”的挖掘、搜索举动及“成果”更是达到了登峰造极的地步。在未来，越南在所谓南海主权归属问题上的法理工作也将会进一步加快步伐，并在未来最终完成这一法理准备，尽管它对历史史实断章取义，采取的是移花接木的做法。因为一则可以配合国际形势的需要，即以此来欺骗国际舆论，尤其是赢得一些别有用心的区域外大国的支持，配合某些大国逐步淡化南海主权属于中国的概念，从而达到与他们一拍即合，在南海问题上共同向中国叫板的目的；二则一旦未来在南海海域出现与中国的军事冲突或中国以武力来收复被越南占领的岛屿，那么就可以仿效菲律宾那样以“恶人先告状”的方式控告中国侵略越南领海，以期赢得国际舆论的同情。

最后，越南的“海洋战略”将会根据国际环境、国际形势的不断变化以及海洋状况、海洋资源的演变、双边与多边关系的调整及越南自身实力的改变而及时进行调整、修订和补充。其实，这既是其特点，也是其未来发展趋势。因此，这一战略将在变化中发展，在发展中变化，这样的趋势在未来不会发生改变。有鉴于此，我们既必须以与时俱进的眼光，又必须以科学严谨的态度，多层面、全方位地看待越南的“海洋战略”，透过现象认清本质。只有这样我们才能向决策部门提出切实可行的应对建议，制订出针锋相对的方案，确保我们在南海问题上的主权与国家尊严不再受到任何侵犯。

主要参考文献

一、 中文书目

1. 曹云华等:《新中国—东盟关系论》,世界知识出版社,2005年版。

2. 陈伶、古小松:《走向2000年的越南》,广西人民出版社,1991年版。

3. 陈继章:《越南研究》,军事谊文出版社,2003年版。

4. 陈继章、兰强、徐方宇编著:《越南概况》,世界图书出版公司,2010年版。

5. 陈史坚:《南海诸岛志略》,海南人民出版社,1989年版。

6. 陈奕平:《依赖与抗争——冷战后东盟国家对美国战略》,世界知识出版社,2006年版。

7. 成汉平:《现代越南》,军事谊文出版社,2006年版。

8. 戴可来、于向东:《越南》,广西人民出版社,1998年版。

9. 邓仕超:《从敌对国到全面合作的伙伴——战后东盟—日本关系发展的轨迹》,世界知识出版社,2008年版。

10. 董崇山:《困局与突破:人类能源总危机及其出路》,人民出版社,2006年版。

11. 傅昆成:《南海的主权与矿藏——历史与法律》,(台湾)幼狮文化事业公司,1980年版。

12. 范红贵：《越南民族与民族问题》，广西人民出版社，1999年版。

13. 高振声主编：《中国蓝色国土备忘录》，中国古籍出版社，2010年版。

14. 耿卫东主编：《国际安全与和谐世界》，军事科学出版社，2010年版。

15. 古小松：《越南国情报告（2005）》，社会科学文献出版社，2005年版。

16. 古小松：《越南国情报告（2006）》，社会科学文献出版社，2006年版。

17. 古小松：《越南国情报告（2007）》，社会科学文献出版社，2007年版。

18. 古小松：《越南国情与中越关系》，世界知识出版社，2007年版。

19. 古小松：《越南国情报告（2008）》，社会科学文献出版社，2008年版。

20. 古小松：《越南国情报告（2009）》，社会科学文献出版社，2009年版。

21. 古小松：《泛北部湾合作发展报告（2009）》，社会科学文献出版社，2009年版。

22. 郭云涛：《中国能源与安全》，中国经济出版社，2007年版。

23. 国防大学编：《面向太平洋的沉思——海洋意识与国防》，国防大学出版社，1989年版。

24. 韩振华：《我国南海诸岛史料汇编》，东方出版社，1988年版。

25. 贺圣达、王文良、何平：《战后东南亚历史发展（1945—1994）》，云南大学出版社，1995年版。

26. ［新加坡］黄朝翰：《中国的东南亚研究》，世界知识出版社，2007年版。

27. 金庆焕编：《南海地质与油气资源》，地质出版社，1989年版。

28. 鞠海龙：《亚洲海权地缘格局论》，中国社会科学出版社，2007年版。

29. 鞠海龙：《中国海权战略》，时事出版社，2009年版。

30. 李晨阳、祝湘辉主编：《剑桥东南亚史评述与中国东南亚史研究》，世界图书出版公司，2010年版。

31. 李广义编著：《中国周边关系与安全环境》，陕西人民出版社，1989年版。

32. 李金明：《南海波涛——东南亚国家与南海问题》（上），江西高校出版社，2005年版。

33. 李金明：《南海波涛——东南亚国家与南海问题》（下），江西高校出版社，2005年版。

34. 刘迪辉等：《东南亚简史》，广西人民出版社，1989年版。

35. 刘咸岳等：《2000年越南国情报告》，广西人民出版社，2001年版。

36. 刘咸岳等：《2001年越南国情报告》，广西人民出版社，2002年版。

37. 刘稚：《当代越南经济》，云南大学出版社，2000年版。

38. 陆建人：《东盟的今天与明天》，经济管理出版社，1999年版。

39. 陆忠伟主编：《非传统安全》，时事出版社，2003年版。

40. 骆沙舟：《当代各国政治体制——东南亚诸国》，兰州大学出版社，1998年版。

41. 沈北海：《越南》，广西人民出版社，2006年版。

42. 沈伟烈、陆俊元：《中国国家安全地理》，时事出版社，2001年版。

43. 隋映辉等：《海洋新兴产业的发展与政策》，海洋出版社，1993 年版。

44. 孙衍峰、黄健红、徐方宇编著：《越南文化概论》，世界图书出版公司，2010 年版。

45. 王传友：《海防安全论》，海军出版社，2007 年版。

46. 王恩涌主编：《政治地理学——时空中的政治格局》，高等教育出版社，1998 年版。

47. 王生荣：《蓝色争锋:海洋大国与海权争夺》，海潮出版社，2004 年版。

48. 王诗成：《海洋强国论》，海洋出版社，2001 年版。

49. 王诗成：《龙，将从海上腾飞——21 世纪海洋战略构思》，海洋出版社，2004 年版。

50. 王诗成：《蓝色的挑战——海洋国家利益战略思考》，中国海洋出版社，2007 年版。

51. 王诗成：《建设海上中国纵横谈》，海洋出版社，2009 年版。

52. 王子昌、郭又新：《国家利益还是地区利益》，世界知识出版社，2005 年版。

53. 韦红：《东南亚五国民族问题研究》，民族出版社，2006 年版。

54. 韦红：《地区主义视野下的中国—东盟合作研究》，世界知识出版社，2006 年版。

55. 温北炎、郑一省：《后苏哈托时代的印度尼西亚》，世界知识出版社，2006 年版。

56. 吴士存编：《南海问题文件汇编》，海南出版社，2001 年版。

57. 吴士存：《纵论南沙争端》，海南出版社，2007 年版。

58. 吴士存：《南海争端的起源与发展》，中国经济出版社，2009 年版。

59. 吴远富：《越南商务与投资指南》，广西科学技术出版社，

2005年版。

60. 徐质斌、牛增福主编：《海洋经济学教程》，经济科学出版社，2003年版。

61. 杨光海：《国际安全制度及其在东亚的实践》，时事出版社，2010年版。

62. 杨金森：《亚太地区国家的海洋政策》，海洋出版社，1987年版。

63. 游明谦：《当代越南经济社会发展研究》，香港社会科学出版有限公司，2004年版。

64. 余富兆：《越南历史》，军事谊文出版社，2001年版。

65. 余富兆编著：《越南经济社会地理》，世界图书出版公司，2010年版。

66. 曾昭旋：《南海诸岛》，广东人民出版社，1986年版。

67. 张飞：《越南研究》（上），解放军出版社，2006年版。

68. 张飞：《越南研究》（中），解放军出版社，2006年版。

69. 张飞：《越南研究》（下），解放军出版社，2006年版。

70. 张良福：《南沙群岛大事记（1949—1995）》，海南出版社，1996年版。

71. 张世平：《中国海权》，人民日报出版社，2009年版。

72. 张文木：《世界地缘政治中的中国国家安全利益分析》，山东人民出版社，2004年版。

73. 张文木：《论中国海权》，海洋出版社，2010年版。

74. 张锡镇：《当代东南亚政治》，广西人民出版社，1995年版。

75. 赵和曼：《越南经济的发展》，中国华侨出版社，1995年版。

76. 中国南海研究院：《2005年，南海形势评估报告》，海南出版社，2006年版。

77. 周忠海：《国际海洋法》，中国政法大学出版社，1997年版。

78. 朱听昌主编：《中国周边安全环境与安全战略》，时事出版社，2002 年版。

79. 朱听昌：《西方地缘战略理论》，陕西师范大学出版社，2005 年版。

二、 中文译著

1. ［越］阮雅：《黄沙和长沙特考》，商务印书馆，1978 年版。

2. ［越］陈重金：《越南通史》，商务印书馆，1992 年版。

3. ［越］刘文利：《越南陆地、海洋、天空》，韩裕家等译，军事谊文出版社，1992 年版。

4. 越南国防部军事历史院：《越南人民军 50 年》，韩家裕等译，军事谊文出版社，1996 年版。

5. ［越］刘文利：《越南外交:传统与发展》，郑州大学出版社，2000 年版。

6. ［越］越南外交部文件：《黄沙群岛和长沙群岛与国际法》，越南世界出版社，2000 年版。

7. ［越］《越南外国投资法及其实施细则》，越南世界出版社，2001 年版。

8. ［越］APA：《异域风情丛书——越南》，刘悦欣译，中国水利水电出版社，2004 年版。

9. ［美］卡尔·多伊奇：《国际关系分析》，周启明译，世界知识出版社，1992 年版。

10. ［美］卢西恩·W·派伊：《东南亚政治制度》，刘笑盈、于向东、董敏等译，广西人民出版社，1992 年版。

11. ［美］阿尔弗雷德·马汉：《海权论》，范利鸿译，陕西师范大学出版社，1997 年版。

12. ［美］塞缪尔·亨廷顿：《文明的冲突与世界秩序的重建》，周琪译，新华出版社，1999 年版。

13. ［美］小约瑟夫·奈：《理解国际冲突——理论与历史》，张小明译，上海人民出版社，2002 年版。

14. ［美］肯尼思·华尔兹：《国际政治理论》，信强译，上海人民出版社，2005 年版。

15. ［美］菲利普·塞比耶—洛佩兹：《石油地缘政治》，潘革平译，社会科学文献出版社，2006 年版。

16. ［美］亚历山大·温特：《国际政治的社会理论》，秦亚青译，上海人民出版社，2008 年版。

17. ［英］杰弗里·帕克：《地缘政治学：过去、现在和未来》，新华出版社，2003 年版。

18. ［新西兰］尼古拉斯·塔林主编：《剑桥东南亚史》，贺圣达等译，云南人民出版社。

19. ［澳］瑞德著：《东南亚的贸易》，李塔娜等译，商务印书馆，2010 年版。

三、 越文书目

1. Đoàn Thiên Tích, *Dầu khí Việt Nam*, Nhà xuất bản Đại học Quốc gia TP Hồ Chí Minh, Hồ Chí Minh, năm 2001.

2. Trung tâm Nghiên Cứu Trung Quốc: *Quan hệ kinh tế-văn hóa Trung Quốc- Việt Nam*, Nhà xuất bản Khoa học Xã hội, Hà Nội, năm 2001.

3. Bộ Quốc phòng: *Lích sử Quân sự Việt Nam tập 3*, Nhà xuất bản Chính trị Quốc gia, Hà Nội, 2003.

4. Tổng cục Thống kê Việt Nam) *Niên Giám Thống kê 2005*) Hà Nội: Nhà xuất bản Thống kê Việt Nam, 2005.

5. Nguyễn Văn Đắc, Phan Giang Long, Hoàng Thế Dũng: *Tổng*

quan về tài nguyên Dầu khí của Việt Nam, Nhà xuất bản khoa học và kỹ thuật, Hà Nội, năm 2005.

6. Tạ Văn Hùng: *Khám phá thiên nhiên và đời sống--- những điều bạn nên biết về biển cả,* Nhà xuất bản Thanh Niên, Hà Nội, 2006.

7. Nguyễn Đông Thức: *Trăm sông về biển*, Nhà xuất bản Văn Nghệ TP Hồ Chí Minh, TP HCM, 2006.

8. Phan Từ Cơ: Khai thác dầu khí, Nhà xuất bản khoa học kỹ thuật, Hà Nội, 2006.

9. Tổng cục Thống kê Việt Nam, *Niên Giám Thống kê 2006*, Hà Nội: Nhà xuất bản Thống kê Việt Nam, 2006.

10. Tổng cục Thống kê Việt Nam: *Công nghiệp Việt Nam 20 năm đổi mới và phát triển*, Nhà xuất bản Thống kê Việt Nam, Hà Nội, năm 2006.

11. Tổng cục Thống kê Việt Nam, *Niên Giám Thống kê 2007*, Hà Nội: Nhà xuất bản Thống kê Việt Nam, 2007.

12. Lưu Văn Lợi: *Những điều cần biết về Đất, Biển, Trời Việt Nam*, Nhà xuất bản Thanh Niên, Hà Nội, 2007.

13. Đinh Nhô Liêm: *Biển Đông của ta*), Nhà xuất bản Giáo dục, Hà Nội, năm 2007.

14. Adrian: *7 Chiến lược Biển*, Nhà xuất bản tổng hợp TP Hồ Chí Minh, TP HCM, năm 2008.

15. Tổng cục Thống kê Việt Nam, *Niên Giám Thống kê 2008*, Hà Nội: Nhà xuất bản Thống kê Việt Nam, 2008.

16. Tổng cục Thống kê Việt Nam, *Niên Giám Thống kê 2009*, Hà Nội: Nhà xuất bản Thống kê Việt Nam, 2009.

17. Ban tuyên truyền TT: *Những văn kiện của đại hội Đảng lần thứ X*, Nhà xuất bản Chính trị Quốc gia.

18. Bộ Quốc phòng：*Sách trắng Quốc phòng Việt Nam*， Nhà xuất bản Quân sự， Hà Nội，2009.

19. Quân đội Nhân Dân Việt Nam：65 năm chiến đấu xây dựng và trưởng thành， Nhà xuất bản chính trị quốc gia， Hà Nội，2009.

四、 英文书目

1. Charles. G. Fenwick，*Interational Law*，3rd Edition，New Yerk，Appleton-Century-Crofts，Inc. 1948.

2. Richard Butwell：*Southeast Asia A Political Introduction*，Praeger，1975.

3. Dieter heinzig，*Disputes Islands in the South China Sea*，Hamburg：Institue of Asian Affairs，1976.

4. Lim Joo-Jock，*Geo-strategy and the South China Sea Basin*，Sigapore University press，1979.

5. Ian Brownlie，*Principles of International Law*，Third Edition，Clarendon Press，Oxford，1979.

6. La Grange，C，*South China Sea Disputes：China Vietnam，Taiwan，and the Philippines*，Honolulu：East-West Center，1980.

7. W. H. Parker：*Mackinder，Geography as an Aid to Statecraft*，Clarendon Press，Oxford，1982.

8. C. H. Park，*East Asia and the Law of the Sea*，Seoul National University Press，Seoul，1983.

9. Geoffrey Parker：*Western Geopolitical Thought in the Twentieth Century*，Croom Helm，1985.

10. Colin S Gray，*The Geopolitics of Super Power*，The University Press of Kentucky，1988.

11. Lo Chikin, *China's Policy towards Territorial dispute*: Routledge and Kegan, London, 1989.

12. Shams-Ud-Din, *Geopolitics and Energy Resources in Central Asia and Caspian Sea Region*, New Delhi: Lancer's Books, 2000.

13. Barry Wain, "*All at Sea Over Resources in East Asia*", Korea Times, August 23, 2007.

后　　记

从当初接受任务到完成书稿，历经这一年多时间的打磨，依靠自己还算丰富的日常积累，终于使这些堆积如山的材料汇编成册，并成书出版。这里面既包含本人的辛勤汗水，同时还有许多师长们、朋友们的热情而无私的帮助。

在本书最初酝酿过程中，已故丁诗传教授、已故朱听昌教授，以及周桂银教授、宋德星教授等都对本书提出了许多中肯的意见。他们的重要建议使我受益匪浅，也使本书在后来的修改过程中能够尽量做到更加完善，更加出彩。

在校外专家中，我最需要感谢的是上海市美国问题研究所的胡华所长。花甲之年的胡所长具有高度的政治敏锐性和战略前瞻性，正是他高瞻远瞩，率先拍板推出这套海洋战略研究系列丛书，并以他超强的个人魅力集结了国内本领域的顶尖学者，才使这套丛书得以问世。一次次的修订、一次次的审稿，体现了胡先生的严谨与认真。

另一个需要感谢的校外专家是郑州大学越南研究所所长、马克思主义学院院长于向东教授。我和于老师曾在越南共事，彼此有着很深的友情。当得知我需要越南海洋方面的资料时，他将手头掌握的有关越南海洋政策方面的资料和论著悉数给予我，对本书的形成起到了相当大的帮助作用。

而暨南大学国际关系学院院长曹云华教授也是需要我好好感谢

的一位老师。除了当面教诲，他还毫无保留地给我寄来了相关研究资料，使我十分感动。

我还需要感谢我身边的所有人，包括同事与家人，尤其是本专业的宦玉娟老师。小宦和我曾经带过的硕士研究生孙志文一样勤勤恳恳，任劳任怨，为我做了许多事，分担了我的重任，从而使我能够一心一意地完成这部著作。而钱坤老师、宁威老师以及曾文斌老师等也为我承担了不少本该由我完成的工作，使我在完成本书过程中有了时间上的保证。对上述各位老师和同事、同学，我表示衷心的感谢！

看到本书最终出版，我感慨万千：通过完成本研究课题，我感觉到人生的确是一个终生学习的过程，只有不断学习才能使自己意识到自己需要永远学习。这种心路历程让我自身在思想上、认识上、理念上以及学识上得到了一次升华，这可是无论用多少金钱也买不到的。

作 者

2016 年初春于古城金陵

图书在版编目（CIP）数据

越南海洋战略研究/上海市美国问题研究所主编；成汉平著.
—北京：时事出版社，2016.10
ISBN 978-7-80232-965-2

Ⅰ.①越…　Ⅱ.①上…②成…　Ⅲ.①海洋战略—研究—越南　Ⅳ.①P74

中国版本图书馆 CIP 数据核字（2016）第 182512 号

出版发行：时事出版社
地　　址：北京市海淀区万寿寺甲 2 号
邮　　编：100081
发行热线：（010）88547590　88547591
读者服务部：（010）88547595
传　　真：（010）88547592
电子邮箱：shishichubanshe@sina.com
网　　址：www.shishishe.com
印　　刷：北京市昌平百善印刷厂

开本：787×1092　1/16　印张：17.25　字数：220 千字
2016 年 10 月第 1 版　2016 年 10 月第 1 次印刷
定价：70.00 元